"十四五"时期国家重点出版物出版专项规划项目
21世纪理论物理及其交叉学科前沿丛书

宇宙大尺度结构简明讲义

胡 彬 著

科学出版社
北 京

内 容 简 介

本书的主要内容包括宇宙学研究的理论和观测两个部. 理论部分包括：宇宙学背景、宇宙学线性微扰论、宇宙暴胀模型、大尺度结构线性增长理论以及描述非线性结构形成的暗晕模型五部分. 观测部分包括：宇宙微波背景辐射、星系的成团性测量、星系的弱引力透镜测量、星系的强引力透镜测量四部分.

本书是宇宙学领域的教材和研究参考书，可供宇宙微波背景辐射、星系巡天测量以及引力透镜观测等方向的研究人员阅读与参考.

图书在版编目(CIP)数据

宇宙大尺度结构简明讲义/胡彬著. —北京：科学出版社, 2022.12
(21世纪理论物理及其交叉学科前沿丛书)
"十四五"时期国家重点出版物出版专项规划项目
ISBN 978-7-03-073823-3

I. ①宇… II. ①胡… III. ①宇宙学 IV. ①P159

中国版本图书馆 CIP 数据核字(2022)第 221167 号

责任编辑：钱　俊　陈艳峰／责任校对：杨聪敏
责任印制：赵　博／封面设计：无极书装

科学出版社 出版
北京东黄城根北街 16 号
邮政编码：100717
http://www.sciencep.com

涿州市般润文化传播有限公司印刷
科学出版社发行　各地新华书店经销
*
2022 年 12 月第 一 版　开本：720 × 1000　1/16
2024 年 5 月第二次印刷　印张：8 1/4
字数：110 000
定价：78.00 元
(如有印装质量问题, 我社负责调换)

前　言

　　这本小书的内容主要来源于作者在北京师范大学 (以下简称北师大) 天文系和中国科学院大学 (以下简称国科大) 物理学院开设的研究生课程 "宇宙大尺度结构形成" 和 "现代宇宙学"①的讲义. 内容包括: 宇宙学的背景动力学演化、宇宙学线性微扰论、宇宙暴胀机制、宇宙微波背景辐射、星系成团性 (包括重子声学振荡和红移空间畸变)、暗物质晕的球对称坍缩模型、暗晕模型、引力透镜 (包括强引力透镜和弱引力透镜) 等内容. 这部分内容基本涵盖了宇宙学最近十多年主要研究领域的基本知识. 为方便天文和物理专业高年级本科生和低年级研究生阅读, 本书采用中文写作. 本书定位为宇宙学入门教材, 侧重介绍现代宇宙学研究的全貌, 因此在具体的数学推导上不甚系统和细致. 希望读者能够将本书结合其他中英文教材一起阅读, 以促进读者尽快地了解现代宇宙学研究的内容和方法论. 本书的内容, 自 2018 年起, 在北师大天文系和国科大物理学院经历了几轮教学, 收到了同学们大量的积极反馈. 特别是, 本书的内容在北师大和国科大的教学过程中, 各有偏重, 尽量平衡天文和物理两个学科, 用两个学科中所常用的语言和思考方式来讲解. 本书的内容很大程度上借鉴了以下几本英文教材和文献, 这里向其作者们一并表示感谢和敬意. 背景宇宙学和线性微扰论方面主要参考了英国剑桥大学 Baumann 的宇宙学讲义 [1], 宇宙微波背景辐射 (Cosmic Microwave Background, CMB) 部分主要参考了美国芝加哥大学 Wayne Hu 的幻灯片 [2] 和英国剑桥大学 Challinor 的 CMB 讲义 [3], 星系成团性部分主要参考了英国朴茨茅斯大学 Percival 的幻灯片 [4], 暗物质晕的非线性坍缩部分主要参考了美国耶鲁大学 van den Bosch 的幻灯

---

　　① 该课程是与中科院理论物理研究所郭宗宽研究员 (主讲)、国科大物理学院朴云松教授一起开设的.

片 [5]，强引力透镜部分主要参考了意大利博洛尼亚天文台 Meneghetti 的讲义 [6] 和德国马普天体物理研究所 Suyu 的透明片 [7]，弱引力透镜部分主要参考了法国巴黎大学 Kilbinger 的综述文章 [8] 和荷兰莱顿大学 Kuijken 的讲义 [9]．限于作者的水平，书中难免出现各种错误，敬请读者朋友们指正．

作　者
于北京师范大学

目　　录

第 1 章　宇宙的几何和物质组分

1.1　宇宙学原理

现代宇宙学是构建在一个名叫"宇宙学原理"的假设之上的. 该原理大致如下："宇宙在大尺度上, 是均匀且各向同性的."这里首要的两个关键词是"均匀性"和"各向同性". 这是由于宇宙在大尺度上, 更准确地说, 是在"背景"层面上具有两种更高的对称性. "均匀性"对应的是"空间平移对称性";"各向同性"对应的是"空间 3 维转动对称性". "均匀性"是指空间中没有哪一个点是特殊的;"各向同性"是指空间中没有哪一个方向是特殊的. 二者是相互独立的概念. 比方说, 高中时期就开始接触的"沿 x 轴方向的匀强电场"就具有空间均匀的性质; 而"洋葱"形状的宇宙就具有空间各向同性的性质. 但是, 前者不具有"各向同性"; 后者不具有"均匀性". 我们宇宙在大尺度上的直观物理图像, 如图1.1所示. 图像中左上角的一小块区域被逐级放大. 在我们看到最后一级放大图像中, 物质空间分布既不均匀也不各向同性. 而在没有被放大的背景图片中, 每一点, 统计地看来, 都是一样的; 选取图片中任意一点后, 以该点为圆心向各个方向看去, 也都是一样的.

这里要强调的是, 上面的描述虽然抓住了主要矛盾, 但是并不太严谨. 更为准确的, 应该是："对于一个共动观测者而言, 宇宙在大尺度上, 是均匀且各向同性的."相比于之前的描述, 这里强调了宇宙学原理的成立是针对特殊的坐标系, 即"共动观测者". 这是由于, 以 CMB 为代表的天文观测数据, 将我们带入了"精确宇宙学"时代. 目前, 我们的观测精度已经可以区分不同观测者与"共动观测者"①之间的差异. 如图1.2所示, 最上一幅图显示的是宇宙背景探测

---

① "共动观测者"等效于"CMB 静止坐标系".

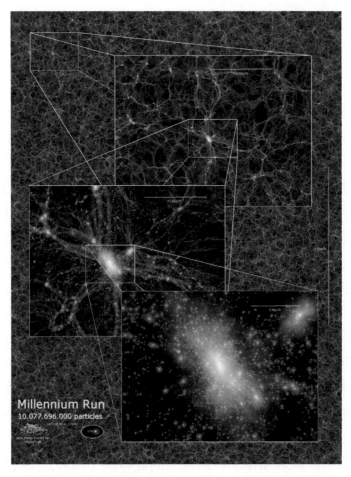

图 1.1　千禧年 (Millenium) 模拟 (simulation) 所展示的宇宙大尺度结构的物理图像 [10]. 图像中左上角的一小块区域被逐级放大. 在我们看到最后一级放大图像中, 物质空间分布既不均匀也不各向同性. 而在没有被放大的背景图片中, 每一点, 统计地看来, 都是一样的; 选取图片中任意一点后, 以该点为圆心向各个方向看去, 也都是一样的.

器 (Cosmic Background Explorer, COBE) 卫星测量到的全天各向同性的温度为 2.7255 K 的背景辐射; 而中间一幅图, 显示的是天球上各点相对于 2.7255 K 在千分之一精度上的差值; 而最下一幅图, 跟中间一幅图的意义相似, 只不过是在十万分之一的精度上的差值. 而我们所经常提到的 CMB 的各向异性信号通常是指的最下一幅图的结果. 但是, 试想一下, 如果你去做 CMB 实验, 你在数据分析过程中首先看到的是中间这个千分之一的信号. 这是一个 "偶极矩" 信号, 原因就是卫星所在的坐标系 (可以近似认为是随着银河系共动的坐标系) 相对于 CMB 的静止坐标系有着一个大约 300 km/s 的相对运动速度. 由简单的多普勒红移关系可知, 由此产生的温度变化正比于 v/c, 约为 10^{-3}. 因此, 可以说, 我们银河系内的观测者, 在千分之一的精度之下, 不满足宇宙学原理.

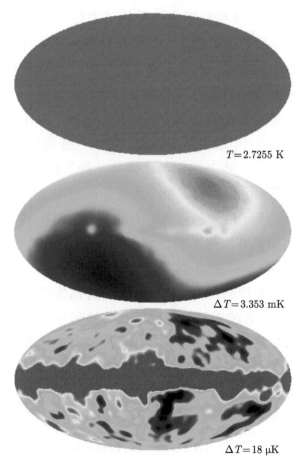

$T = 2.7255$ K

$\Delta T = 3.353$ mK

$\Delta T = 18\ \mu$K

图 1.2　COBE 卫星数据结果所显示 CMB 温度的各向异性[11].

最后，要给出一点关于"宇宙大尺度"这个定语的感性认识. 宇宙学所感兴趣的空间尺度，基本上就是图1.1所描绘的尺度. 而在该图中，每一个肉眼可分辨的点，其空间尺度都要比星系的尺度要大.

1.2　FLRW 度规[①]

这一节，我们首次接触到引力的相对论刻画. 不同于高中时期所学的牛顿万有引力，这里我们用"场论"的语言来刻画引力，而非直接用"力"的语言[②]. 爱因斯坦的广义相对论 (General Relativity，GR) 自 1915 年提出后，一个多世纪以来经受住了来自方方面面的实验和观测检验，被确立为标准的引力理论，正在并且将会接受当前以及未来更为精确、更为全方位的检验. 本书无意全面介绍广义相对论或是其他引力理论，只是简单地介绍后面可能会涉及的概念和计算.

广义相对论是建立在概念更为基础和广泛的"微分几何"的基础之上的. 几何学中，有一个最为基本的量，叫做"度规"(metric)，其本质就是"距离的测量". 本书中，与"微分几何"相关的概念只限于此. 所以，后面我们不加区分地将"微分几何"认同为"度规理论"(metric theory)，即一个定义了度规的流形 (manifold)[③]. GR 创立一百年来，某种意义上讲，人们总共求得了两个解：一个是 FLRW 解，一个是黑洞解. 前者创立了宇宙学，后者创立了黑洞物理. 这两个"解"其实不是真正数学意义上的方程的解，而是满足某种对称性的一类解所具有的共通的参数化形式. 前者的对称性是空间均匀性和各向同性，而后者的对称性则是空间球对称或是轴对称. FLRW 度规可表达成为如下形式：

$$\mathrm{d}^2 s = -c^2 \mathrm{d} t^2 + a^2(t)[g_{ij}\mathrm{d} x^i \mathrm{d} x^j] , \tag{1.1}$$

其中，$a(t)$ 被称为标度因子，用以刻画三维空间的大小，与红移具有关

---

① 以该度规形式的四位提出者 Friedmann, Lemaître, Robertson, Walker 的姓氏首字母来命名.

② 场是传递力的物质载体.

③ 这里，可以将"流形"理解为时空.

系 $a = 1/(1+z)$. g_{ij} 是三维空间的度规,按照拓扑可以分为平、开、闭三种情况,分别对应于三维欧氏空间、三维马鞍面和三维球面. 可以看到,原本 $g_{\mu\nu}$ 中 10 个既依赖于时间又依赖于空间的场,现在由于对称性的帮助,约化为 1 个只依赖于时间的量. 而标度因子随时间解则需要进一步求解引力场方程才可以. 但到目前为止,我们所有的结果都只依赖于对系统对称性的分析,不依赖于引力理论的具体形式.

正如图1.3 所示,度规理论的刻画范畴是超越具体的引力理论的. 不同的引力理论的引力场方程不同.

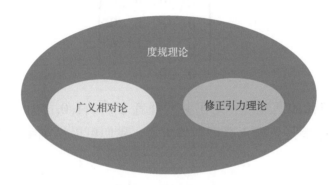

图 1.3　度规理论和广义相对论的关系.

此外,需要说明的是,宇宙学常用的时间坐标有 t 和 τ(有时也写作 η),前者称为坐标时,后者称为共动时间. 有些文献中也将坐标时称作物理时间. 这里,我们避免这种说法,因为"物理"二字往往会让人感觉这个时间具有物理上可测量的意义. 这里我们不是否认这种说法,而是感觉一旦牵扯到测量,很多细节需要指定,这会无端的引入概念上的不清晰. 而我们所称的坐标时,其数学意义则明确的多,就是我们前述满足宇宙学原理的共动观者在度规方程 (1.1) 定义的坐标系下的时间.

下一步,则是引入引力场方程. 标准引力理论下的引力场方程为爱因斯坦场方程

$$G_{\mu\nu} = \frac{8\pi G}{c^4} T_{\mu\nu} , \qquad (1.2)$$

等号左边为几何化的引力部分，等号右边为系统中流体的能动量张量. $G_{\mu\nu}$ 由度规 $g_{\mu\nu}$、其对时空的一阶导数 $(\partial g_{\mu\nu})$、对时空的二阶导数 $(\partial^2 g_{\mu\nu})$ 的非线性组合构成. 如果将度规看作是坐标的话，我们则可以看出来 $G_{\mu\nu}$ 中包含坐标、速度和加速度. 等号右边则是由流体的能量密度 (ρ)、各向同性压强 (P)、流体速度、能流密度、黏滞系数等流体力学量来刻画的. 符合宇宙学原理的流体被称为理想流体，其能动量张量为

$$T_{\mu\nu} = (\rho + P)U_\mu U_\nu - P g_{\mu\nu}$$

$$= \begin{pmatrix} -\rho & 0 & 0 & 0 \\ 0 & P & 0 & 0 \\ 0 & 0 & P & 0 \\ 0 & 0 & 0 & P \end{pmatrix}, \tag{1.3}$$

其中 U_μ 为流体的四速度，对于共动观者 $U_\mu = (1,0,0,0)^T$. 将度规以及理想流体能动量张量带入爱因斯坦方程，我们可以得到宇宙学的引力场方程:

$$\left(\frac{\dot{a}}{a}\right)^2 = \frac{8\pi G}{3}\rho - \frac{k}{a^2}, \tag{1.4}$$

$$\frac{\ddot{a}}{a} = -\frac{4\pi G}{3}(\rho + 3P), \tag{1.5}$$

其中第一个是关于膨胀速率的方程，称作第一 Friedmann 方程；第二个是膨胀加速度方程，被称作第二 Friedmann 方程. 这里，我们注意到第二个方程的右边的负号，表示对于传统物质组分，引力是吸引力，加速度是负的. 在第一 Friedmann 方程中，我们把三维空间曲率项也写出来了, $k = 0, \pm1$. 此外，我们还有能量守恒方程

$$\nabla^\mu T_{\mu\nu} = 0,$$
$$\dot{\rho} + 3H(\rho + P) = 0, \tag{1.6}$$

其中 $H(t) = \dot{a}/a$ 被称为哈勃参数，其刻画标度因子的膨胀速率. 注意，哈勃参数实际上是时间的函数，之所以称其为参数是为了突出其空间上

的不变性. 我们注意到方程 (1.4)、(1.5)、(1.6) 三者相互不独立, 独立方程数实际上只有两个. 但是, 我们看到其未知量却有三个 (a, ρ, P), 因此为了使方程组闭合, 我们还需要借助其他的热力学关系, 这里我们取所谓状态方程参数 $w = P/\rho$. 对于非相对论性的重子物质和暗物质 (统称: 物质), 组分 $w = 0$; 对于相对论性的重子–光子等离子体, $w = 1/3$; 对于带质量中微子, 其状态方程参数是具有时间演化的, 从早期的 1/3 演化到后期的 0; 对于宇宙学常数, $w = -1$. 对于物质组分, 其物质密度按照 a^{-3} 变化, 这体现了质量守恒, 密度反比于体积. 对于相对论性的等离子体, 其密度按照 a^{-4} 变化, 这是由于传播速度接近于光速的原因, 导致了除了反比于体积因子之外还额外地有一个频率红移效应. 对于真空能, 其能量密度不随体积变化而变化. 局域地, 真空能的密度是守恒的, 满足方程 (1.6), 但整体上由于空间体积的增加, 该部分的总能量是增加的, 不同于其他组分, 真空能确实是无中生有. 在背景阶, 将暗能量理解为 "负压" 不无道理, 这种 "负压" 物质提供斥力推动宇宙加速膨胀. 但这种物理图像在遇到暗能量的成团性问题上, 却可能会是反直觉的. 这里所说的暗能量的成团性问题是这样的: 如果暗能量是真空能的话, 由于对称性保护, 暗能量在时空各个点都保持相同的能量密度, 不会发生涨落; 但如果是动力学暗能量场的话, 则暗能量场的密度可以具有空间非均匀性, 甚至会小幅度成团, 产生引力势阱. 这种现象则与暗能量的 "斥力" 图像产生矛盾. 我们在这建议采用热力学的方式来理解. 想象一个两端气壁可以滑动的方盒内盛有高于外界气压的气体, 那么在压强的推动下, 气壁向外移动, 内部气体做功, 气体内能降低 $dU = -PdV$. 如果将这个气壁换做是可观测宇宙的边界, 那么气壁越往外滑动, 内部的真空能就越高, 因此 P 一定是负的. 真空能越做功, 内能越多. 总体的能量不守恒.

宇宙的膨胀热历史可以分为三个阶段: 辐射为主时期, 物质为主时期及暗能量为主时期。此时的标度因子随坐标时的演化如下:

$$a(t) \propto \begin{cases} t^{1/2}, & \text{RD}, \\ t^{2/3}, & \text{MD}, \\ \exp(Ht), & \text{DE}. \end{cases} \tag{1.7}$$

物质辐射为主时期大约发生在红移 $z \approx 3000$ 的时候; 而物质为主向暗能量为主时期的转变则发生在 $z \approx 0.6$ 时, 此时距今大约 60 亿年. 宇宙当前的总年龄大约为 138 亿年, 可见宇宙有将近一半的时间处于暗能量为主时期.

习　　题

- 除了均匀以及各向同性的 FLRW 度规之外, 对上述两种对称性破缺后, 举例可能允许的几类度规.
- 宇宙在大尺度上允许存在角动量吗? 如果允许, 其度规形式是什么样子的?

第 2 章 宇宙学距离的测量

距离测量是天文学的传统研究题目. 本章中，我们将介绍利用 Ia 型超新星的标准烛光法和重子声学振荡 (BAO) 的标准尺方法. 实际上，宇宙学的测距方案远不止于此. 但原理上，无外乎测量 "光度距离" (视线方向) 和 "角直径距离" (垂直于视线方向). 首先，我们来看径向光子的类光测地线 ($\mathrm{d}^2 s = 0$)

$$\mathrm{d}^2 s = -\mathrm{d}t^2 + a^2(t)[\mathrm{d}r^2 + r^2\mathrm{d}\theta^2 + \sin^2\theta\mathrm{d}\varphi^2] \,, \tag{2.1}$$

于是，我们有 $\mathrm{d}r = \mathrm{d}t/a(t)$. 那么，一束沿着径向随着背景膨胀的光子从 z_1 到 z_0 所走的共动距离为

$$\chi = \int_{z_1}^{z_0} \mathrm{d}r = \int_{z_1}^{z_0} \frac{\mathrm{d}t}{a(t)} = \int_{z_1}^{z_0} \frac{\mathrm{d}z}{H(z)} \,, \tag{2.2}$$

2.1 标 准 尺

下面，我们首先介绍角直径距离. 如图2.1(a) 所示，假设 r_* 为一个垂直于视线方向上的尺度，且角度 θ 很小，于是在欧氏空间几何的假设下有 $D_A = r_*/\theta$. 但是，宇宙学背景时空并非欧氏 (四维时空的内曲率非零)，因此该表达式不能直接推广到宇宙学中去，但是容易想到，该表达式可以直接推广到宇宙学的共动空间中. 有了这个想法，那么首先我们要更加清晰地定义 r_* 这个量. 这里，我们定义 r_* 是在该物理现象发生的所在红移处的物理尺度

$$r_* = \int_{a_{\mathrm{ini}}}^{a_*} a \, \mathrm{d}L(t) \,, \tag{2.3}$$

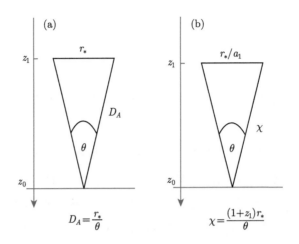

图 2.1　角直径距离示意图.

其中积分测度 $\mathrm{d}L$ 表示沿垂直于视线方向上的共动尺度的微分. 以图2.2 所示的 CMB 天图中的 BAO 现象为例, 这里的 r_* 表示的是在宇宙诞生 38 万年时的声学视界的大小. 如果我们跑到当时当地去测量的话, 该尺度约为 150 kpc. 但是, 这个物理尺度在当前 $z = 0$ 的红移切片上来看的话, 就被拉长至 150 Mpc 了. 因此, 垂直于视线方向的共动尺度应该为 r_*/a_1, 这里 a_1 表示该现象发生时的标度因子. 于是, 再配上沿视线方向上的共动距离 χ, 如图2.1(b) 所示意的欧氏几何关系边也就成立了. 比较 (a), (b) 两幅图, 我们就不难得出 $D_A = \chi/(1+z)$.

这里, 我们另外介绍一下在 CMB 天图上测量 BAO 的方法. 如图2.2(a) 所示, 我们在 CMB 天图上截取热斑 (hot spot)(冷斑, cold spot) 的小片天区. 这里, 如果天图上的某像素上的温度比临近 6 个像素都高, 则将其记为热斑; 如果比周围 6 个像素都低, 则将其记为冷斑; 如果不满足以上二者, 则不计入. 再次, 将冷热斑分类叠加在一起, 那么就会出现图 2.2(b) 所示图样. 其角直径所反映出来的, 就是重子声学振荡的势阱的宽度, 如图 2.2(c) 所示. 关于这个物理图像, 我们将会在后面第 6 章详细讲述.

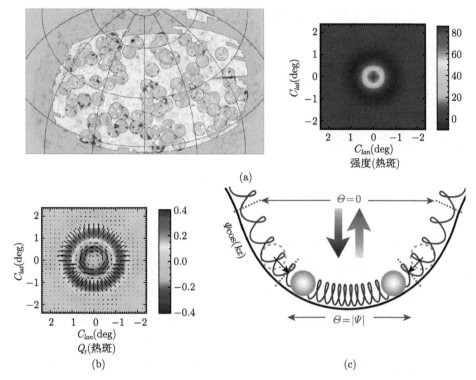

图 2.2 重子声学振荡示意图. (a) 天图某区域上划定的冷/热斑; (b) 图摘自文献 [12]; (c) 图摘自文献 [2].

2.2 标 准 烛 光

如果某天体的辐射亮度具有恒定的特性,那么我们可以通过测量其亮度,反推其距离,该方法被称为标准烛光. 比如:造父变星的周光关系,红巨星的氦闪 (TRGB),Ia 型超新星等,这样的天体在某些程度上可以当作光度不变的天体物理过程. 光度是指一个天体在单位时间内释放的能量,那么释放能量越高/越亮,我们就能利用其测量更远的距离. 宇宙学意义上,我们通常利用 Ia 型超新星去测量距离. 假设欧氏空间,利用光子守恒我们有 $F_{\text{OBS}}(z_0) = L_{\text{ABS}}(z_0)/4\pi\chi^2$. 但是,在宇宙学背景中我们有如下关系:

$$L_{\text{ABS}}(z_0) = \frac{E_0}{\delta t_0} = \frac{E_1/(1+z)}{(1+z)\delta t_1} = \frac{L_{\text{ABS}}(z_1)}{(1+z)^2} , \tag{2.4}$$

这里，第二个等号后 E_1 那里的 $(1+z)$ 是光子能量的红移效应；δt_1 那里的 $(1+z)$ 是宇宙学时间的延长效应. 通常的，我们说 Ia 型超新星光度为 10^{42} erg/s. 如果我们将该 Ia 型超新星放到 z_1 处，那么 L_1 仍是 10^{42} erg/s, 只不过我们如果能在 $z=0$ 处包围其一个球面测量的话，那么 L_0 比前者要低 $(1+z_1)^2$. 我们定义光度距离为：$F_{\text{OBS}}(z_0) = L_{\text{ABS}}(z_1)/4\pi D_L^2$. 那么，我们有 $D_L = (1+z)\chi$.

2.3　宇宙学应用

无论是标准烛光也好，标准尺也罢，如果仅是具有距离的测量，是不能用来做宇宙学的，因为我们缺少了对红移的测量. 根据方程 (2.2)，宇宙学参数包含在被积函数的哈勃参数之中. 有了红移测量，就可以依据宇宙学来计算相应的共动距离，然后跟观测的光度距离或是角直径距离相比较.

如图2.3 所示，(a) 图代表了 Ia 型超新星的光变曲线，根据其亮度我们可以计算光度距离；(b) 图代表了某 Ia 型超新星的光谱数据，上面的横坐标标记的是实验室坐标系下的光谱波长，下面的横坐标代表着测量到的光谱波长，二者相比我们便可以获知红移信息；(c) 图代表着利用星系计数方法测量 BAO 的角直径距离的方法中，星系的测光红移 (photo-z) 的测量原理，这里我们不采用单根谱线去估计红移，而是根据一簇谱线的断崖式结构来估计红移.

但实际上 SNIa 的光度并不一致，样本的光度具有很大的浮动. 如果不能修正，那么我们将无法利用 SNIa 来作为标准烛光来测距. 好在 SNIa 光度的下降率与其绝对光度具有很好的相关性，我们可以用其来校准绝对光度. 常用的方法有光度曲线拉伸 (light curve stretch) 方法，多色光变曲线形状 (multicoloured light curve shapes) 方法，$\Delta m_{15}(B)$ 方法等. 前两种方法分别是由 2011 年的诺贝尔奖获得者 Perlmutter 和 Riess 提出. 第三种方法中的下标 15 就是指 B 带光度在达到最大值之后的 15 天的光度下降，其反映了前述的光度下降率. 因此，SNIa 不是真正的标准烛光，而是可以标准化的烛光.

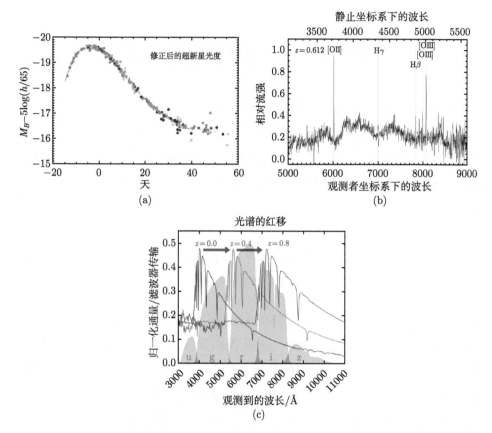

图 2.3　Ia 型超新星的量度 (a)[13] 以及光谱测量 (b), BAO 的测光红移测量 (c).

习　　题

- 为什么宇宙年龄是 130 亿年，而我们却能看到 470 亿光年之外的事物？
- SNIa 超新星的星等值测量中，0.1 星等误差会带来多大的哈勃参数的误差？
- SNIa 超新星真的是标准烛光吗？实际上，我们是利用什么方法定标 SNIa 超新星的光度的？

第 3 章 宇宙学线性微扰论

这一章我们考虑对于均匀和各向同性的背景宇宙对称性的微小破缺. 对称性的破缺意味着更多的自由度会被激发出来，这在宇宙流体的描述上表现为能动张量中出现了能量密度扰动、压强扰动、本动速度、黏滞等物理量. 与背景能量密度和压强不同，这些物理量是空间坐标依赖的.

$$
\begin{cases}
\rho(t, \boldsymbol{x}) = \bar{\rho} + \delta\rho(t, \boldsymbol{x}), \\
P(t, \boldsymbol{x}) = \bar{P} + \delta P(t, \boldsymbol{x}), \\
\boldsymbol{v}(t, \boldsymbol{x}) = 0 + \boldsymbol{v}(t, \boldsymbol{x})
\end{cases}
\tag{3.1}
$$

简单起见，我们暂且不考虑流体的黏滞效应. 在这种情况下，相比于第 1 章的宇宙学背景密度和压强，这里我们又多了密度扰动、压强扰动和本动速度，这三者都是空间依赖的. 注意，这里我们仍在共动观测参考系下刻画的宇宙流体，因此背景阶的本动速度为零.

热力学告诉我们，一般地，流体压强有密度和熵来决定，即 $P(\rho, S)$. 于是，压强的扰动由密度扰动和熵扰动来产生 $\delta P = \partial P/\partial\rho * \delta\rho + \partial P/\partial S * \delta S$. 首先，我们假设单一流体描述. 在该描述下，流体不会衰变或被产生出来，因此熵守恒，即 $\delta S = 0$. 压强仅由密度决定 $\delta P/\delta\rho = \partial P/\partial\rho = c_s^2$. 这里我们将 c_s 称为声速，其刻画了流体扰动传播的速度. 声速不同于状态方程参数，后者反映的是压强和密度的比值，而前者表示的则是压强对密度的一阶导数.

3.1 静态时空中的牛顿引力框架下的线性微扰论

首先，我们讨论在牛顿引力框架下以及静态背景时空中的线性物质密度扰动. 这种情况下，我们有三个要刻画的量 $(\delta = \delta\rho/\bar{\rho}, \boldsymbol{v}, \Phi)$. 在线

性微扰论的框架下，他们都远小于 1，且满足方程

$$\partial_t \rho = -\nabla_r \cdot (\rho \boldsymbol{u}) , \qquad (3.2)$$

$$(\partial_t + \boldsymbol{u} \cdot \nabla_r)\boldsymbol{u} = -\frac{\nabla_r P}{\rho} - \nabla_r \Phi , \qquad (3.3)$$

$$\nabla^2 \Phi = 4\pi G \delta \rho , \qquad (3.4)$$

其中式 (3.2)、(3.3) 和 (3.4) 分别为流体密度守恒方程，流体速度守恒方程和描述牛顿引力的泊松方程. 在平直的静态背景下，$\boldsymbol{u} = \boldsymbol{v}$. 这里，我们是为了跟后面的宇宙学膨胀背景中的方程表达式保持一致才引入速度 $\boldsymbol{u}$ 的. 这里需要注意的是速度守恒方程中等号左边的第二项，这一项正比于速度的 2 次方，熟悉流体力学的读者不难发现，湍流现象中的复杂性正是出自这个非线性项. 在线性微扰论中，这一项属于高阶小量不予考虑，这极大地简化了这里的计算. 将密度守恒和速度守恒合并，不难推出

$$\delta\ddot{\rho}(t, \boldsymbol{x}) - c_s^2 \nabla^2 \delta\rho - 4\pi G \bar{\rho} \delta\rho = 0 , \qquad (3.5)$$

其中 $\bar{\rho}$ 代表没有扰动情况下的背景密度. 对于静态时空而言，它是一个常数. 我们注意到这个方程是一个二阶线性偏微分方程，我们需要知道初条件和边条件的信息才可以唯一求解 $\delta\rho(t, \boldsymbol{x})$. 在宇宙学中，我们采取求解其傅里叶 (Fourier) 模式 $\delta\tilde{\rho}_{\boldsymbol{k}}(t)$ 的方式. 这是由于，对于线性方程系统，各个 $\boldsymbol{k}$ 模相互独立，各自遵守自己的常微分方程，所以可以同时求解. 这样，我们就可以将偏微分方程退化为常微分方程来求解. 当然，这里的代价是要求解的方程的数目增加了，但好在各个方程独立，可以同时求解.

$$\delta\ddot{\rho}_{\boldsymbol{k}}(t) + c_s^2 k^2 \delta\rho_{\boldsymbol{k}}(t) - 4\pi G \bar{\rho} \delta\rho_{\boldsymbol{k}}(t) = 0 , \qquad (3.6)$$

这里下角标 $\boldsymbol{k}$ 表示相应的 Fourier 模式. 在不引起歧义的情况下，我们一律略去标识 Fourier 模式的弯弯. 这里我们注意到，可以将上面方程的第二、三项合并，当 $c_s^2 k^2 < 4\pi G \bar{\rho}$ 时，$\delta\rho_{\boldsymbol{k}}$ 前面的系数为负，这个方程的解是一个 e 指数增长或衰减的解. 这里，我们只关心增长解，它代表

了在该 $\boldsymbol{k}$ 模所对应的尺度上，没有力可以对抗引力，初始的高密度区域
会不断地吸引周围的物质，从而将势阱砸得越来越深. 当 $c_s^2 k^2 > 4\pi G\bar{\rho}$
时，$\delta\rho_{\boldsymbol{k}}$ 前面的系数为正，此时该方程的解是振荡解，对于该模式的 $\delta\rho_{\boldsymbol{k}}$
不会发生不可逆的物质密度坍缩. $k_J^2 = 4\pi G\bar{\rho}/c_s^2$ 称为 Jeans 半径，标志
着引力坍缩尺度和不可坍缩尺度的分界线. 对于暗物质而言，$c_s = 0$ 表
示在宇宙学的全尺度，暗物质都可以坍缩. 注意，这里 $c_s = 0$ 并不表示
暗物质可以坍缩到时空奇点. 这是由于两方面原因：第一，宇宙学意义
下的一个点，实际上也是比星系盘尺寸要大的一个空间尺；第二，这里
我们用的线形近似，所以当方程 (3.6) 的解 $\delta_{\boldsymbol{k}} > 1$ 时，该方程其实已经
不再适用. 实际上，暗物质粒子在随机热运动的支持下，会达到位力平
衡，$2K + W = 0$(2 倍的动能抵消势能)，此时的物质密度大约为 200 倍
的平均密度.

3.2　膨胀背景中的牛顿引力框架下的线性微扰论

我们将上一节的内容换到膨胀背景当中. $\boldsymbol{r} = a\boldsymbol{x}$, $\boldsymbol{u} = H\boldsymbol{r} + \boldsymbol{v}$, 第
二式中的 $H\boldsymbol{r}$ 表示背景的退行速度，$\boldsymbol{v} = a\dot{\boldsymbol{x}}$ 表示本动速度. 首先，我
们先介绍一下在固定 $\boldsymbol{r}$ 坐标下的时间偏微分算符与在固定 $\boldsymbol{x}$ 坐标下的
时间偏微分算符之间的关系

$$\left(\frac{\partial}{\partial t}\right)_{\boldsymbol{r}} = \left(\frac{\partial}{\partial t}\right)_{\boldsymbol{x}} - H\boldsymbol{x}\cdot\nabla_{\boldsymbol{x}}\,, \tag{3.7}$$

有了这个关系，我们不难推出流体能量密度和速度守恒方程

$$\dot{\delta} = -\frac{1}{a}\nabla_{\boldsymbol{x}}\cdot\boldsymbol{v}\,, \tag{3.8}$$

$$\dot{\boldsymbol{v}} + H\boldsymbol{v} = -\frac{1}{a\bar{\rho}}\nabla_{\boldsymbol{x}}\delta P - \frac{1}{a}\nabla_{\boldsymbol{x}}\Phi\,, \tag{3.9}$$

这里我们注意到密度场的一阶时间导数等于速度场的散度. 在后面的讨
论当中，我们会发现，星系的密度场不是暗物质密度场的良好示踪体，

但是星系的速度场则是暗物质密度场的良好示踪体，因此我们对于速度场更为感兴趣. 将方程 (3.8)、(3.9) 合并在一起，我们可以得到

$$\ddot{\delta}(t, \boldsymbol{x}) + 2H\dot{\delta}(t, \boldsymbol{x}) - \frac{c_s^2}{a^2}\nabla^2\delta = 4\pi G\bar{\rho}\delta \,, \tag{3.10}$$

我们发现，相比于方程 (3.5)，这里我们多了 $2H\dot{\delta}$ 一项，它表示背景膨胀对物质成团过程产生的阻尼项. 因此，与静态时空的物质密度的 e 指数增长不同，宇宙学背景中的物质密度增长按照比前者稍缓的幂律增长.

3.3 膨胀背景中的广义相对论框架下的线性微扰论

3.2 节中的牛顿引力是广义相对论在低速和弱场近似下的产物. 宇宙学框架下，引力都属于弱场的情况. 但是，在接近或是超哈勃视界尺度上，哪怕是光信号也要传播很长时间. 此时，引力相互作用不可以看作是瞬时相互作用，我们必须考虑相对论效应. 在介绍线性微扰论的相对论处理之前，我们首先要介绍哈勃视界的定义 $(1/H)$：哈勃视界标志着该时刻可见宇宙的大小. 这里，我们要区分我们在 "理论上计算的宇宙性质" 与 "可见宇宙的性质". 对前者举一个例子，就是我们考虑各种共动波数的扰动方程. 这里共动波数本身没有下限，可以无限趋近于 0. 没有禁忌定理 (No-Go theorem) 不允许这样的模式存在. 但是，这不表示这种模式具有可观测效应. 那么，怎么确定某个模式是否具有可观测效应呢？我们说要与所计算的观测量所在时刻的哈勃视界相比. 如图3.1 所示，向上的小光锥 (向前光锥) 表示宇宙在 38 万年时，当时的哈勃视界的大小；向下的大光锥 (向后光锥) 表示 38 万年到 138 亿年这段时间范围内的因果联通区的大小. 红线表示一个长波模式，该模式的波长比 38 万年时的哈勃视界要大，因此当时在哈勃视界内是感受不到这个长波模式的效应的. 但是，这个长波模式是客观存在的，我们只需要等待 138 亿年，当这个模式进入到哈勃视界范围内，那么我们便可以观察到该模式在调制着图中小的向前光锥. 当我们要研究这类 $\boldsymbol{k}$ 模

$(\lambda > 1/\mathcal{H}^{①})$ 时，我们必须依靠相对论的处理方式[②]. 本节，我们将就这一点简略地讨论一下.

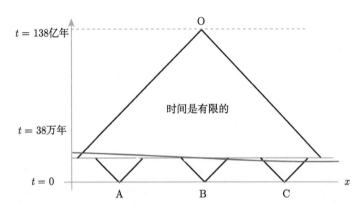

图 3.1　可观测宇宙范围之外的长波模式 (红线). 38 万年时宇宙的可观测范围由图中的向前光锥表示.

在相对论的引力理论中，引力由度规描述，这里我们感兴趣的是度规的扰动 $\delta g_{\mu\nu}$. 一般地，我们可以将其参数化为如下形式：

$$\mathrm{d}^2 s = a^2(\tau)\left[-(1+2A)\mathrm{d}\tau^2 + 2B_i\mathrm{d}x^i\mathrm{d}\tau + (\delta_{ij} + h_{ij})\mathrm{d}x^i\mathrm{d}x^j\right] , \quad (3.11)$$

其中

$$B_i = \partial_i B + \hat{B}_i , \quad (3.12)$$

$$h_{ij} = 2C\delta_{ij} + 2\partial_{\langle i}\partial_{j\rangle}E + 2\partial_{(i}\hat{E}_{j)} + 2\hat{E}_{ij} , \quad (3.13)$$

$$\partial_{\langle i}\partial_{j\rangle}E = \left(\partial_i\partial_j - \frac{1}{3}\nabla^2\right)E , \quad (3.14)$$

$$2\partial_{(i}\hat{E}_{j)} = \frac{1}{2}\left(\partial_i\hat{E}_j + \partial_j\hat{E}_i\right) , \quad (3.15)$$

其中方程 (3.14) 表示下指标的反对称部分，方程 (3.15) 表示下指标的对称部分. 宇宙学中，我们常按照 $SO(3)$ 群将 $\delta g_{\mu\nu}$ 分为标量、矢量

① 这里 $\mathcal{H}$ 表示共动的哈勃参数，$\mathcal{H} = aH$.

② 具体推导详见文献 [1].

和张量扰动. (A, B, C, E) 为标量部分; $(\hat{E}_i, \hat{B}_i)$ 为矢量部分, 满足横向条件 $(\partial^i \hat{E}_i = 0, \partial^i \hat{B}_i = 0)$; $\hat{E}_{ij}$ 为张量部分, 满足横向和无迹条件 $(\hat{E}^i_i = 0, \partial^i \hat{E}_{ij} = 0)$. 不难数出, 标量自由度为 4, 矢量自由度为 4, 张量自由度为 2. 但是, 这 10 个自由度中有 4 个属于规范自由度, 我们可以通过坐标系的选取将其固定. 更本质的原因是爱因斯坦张量 $G_{\mu\nu}$ 天然地满足 $\nabla^\mu G_{\mu\nu} = 0$ 的约束. 进一步, 这 4 个规范自由度可以划分为 2 个标量和 2 个矢量自由度. 这是由于规范自由度本质上是描述相同引力现象的坐标选择的冗余自由度. 不同坐标系间的变换, 最一般地可写为 $x^\mu \to x^\mu + \xi^\mu(x^\nu)$. $\xi^\mu = (\xi^0, \boldsymbol{\xi}^i)$①具有 2 个标量 (ξ^0, ξ) 和 2 个矢量自由度 $(\hat{\xi}^i)$. 因此, 最终度规当中物理的自由度为 2 个标量, 2 个矢量和 2 个张量. 宇宙学背景下, 由于矢量自由度衰减得很快②(按 $1/a^2$ 衰减), 所以我们往往不考虑. 度规中的标量自由度, 我们往往用 $\Psi = \delta g_{00}$ 和 $\Phi = \delta g_{ii}$ 来表示, 分别代表时间方向上的扰动和空间长度方向上的扰动. 在牛顿引力下, 由于时间是绝对的, 因此泊松方程中只有 Φ 而没有 Ψ. 在 LCDM 模型中, 如果我们不考虑带质量中微子的话, 那么我们在线性微扰层次上有 $\Phi = \Psi$. 而空间引力势 Φ 粗略地看是由流体的物质密度扰动所引起的, 这一点我们在下一段详细展开. 在度规中的 6 个物理自由度中, 真正完全属于引力部分的是 2 个张量自由度, 也就是我们平时说的引力波的 "+" 模式和 "×" 模式. 我们可以将标量扰动看作是流体中的密度波, 真空平直度规下是无法传播密度波的, 密度波的传播要依赖于介质的存在; 而对于引力波, 虽然其产生是源自时空质量分布的四极矩的时间变化, 是有物质产生的, 但是它却可以在真空中传播, 因此引力波的传播可以不依赖于物质的存在, 是属于引力自身的物理自由度.

上一段我们介绍的度规的扰动量最终会进入爱因斯坦方程的左边 $G_{\mu\nu}$ 当中去. 这一段, 我们介绍方程右边 $T_{\mu\nu}$ 的扰动.

---

① $\boldsymbol{\xi}^i = \partial^i \xi + \hat{\xi}^i$.

② 更深层次的原因是确定方向的矢量自由度跟宇宙学原理不适配.

正如本章开篇时所讲的，宇宙学线性微扰论中最常用的三个扰动量为密度扰动 $\delta\rho$、压强扰动 δP 及速度扰动 $\boldsymbol{v}$. 对于前两者，我们的定义是清晰的，这里我们着重强调一下流体速度扰动的定义：

$$U^\mu = \frac{\mathrm{d}x^\mu}{\mathrm{d}\tau} = a^{-1}(-(1+\Psi), \boldsymbol{v})^T , \tag{3.16}$$

其中 $\mathrm{d}\tau$ 表示流体的原时 (proper time)，这里可以取 $\mathrm{d}\tau^2 = -\mathrm{d}^2 s$. 根据方程 (3.16) 可以看出来流体的速度扰动 $\boldsymbol{v}$ 是如何进入到流体的能动张量当中去的. 在这里，我们将介绍更为一般的宇宙学流体的参数化形式，即考虑黏滞的流体[①].

$$T^{\mu\nu} = \rho U^\mu U^\nu + (P + P_b)(U^\mu U^\nu - g^{\mu\nu}) + \Pi^{\mu\nu} , \tag{3.17}$$

$$P_b = -\zeta \nabla_\mu U^\mu , \tag{3.18}$$

$$\Pi^{\mu\nu} = \eta \nabla^{\langle\mu} U^{\nu\rangle} , \tag{3.19}$$

这里的所有量都是既包括背景的，又包括扰动的，读者需要自己按照阶数去展开. 与公式 (1.3) 不同的是，这里多了 P_b 和 $\Pi_{\mu\nu}$ 两项，分别表示体黏滞和剪切黏滞. 如图3.2 所示，剪切黏滞表示流体元的体积大小不变，但是产生形状的变化时，该过程所消耗的能量. 往往该过程所消耗

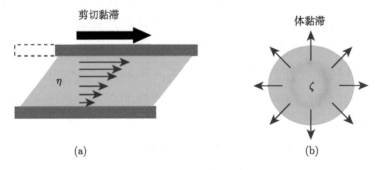

图 3.2　剪切黏滞效应 (a) 和体黏滞效应 (b) 的示意图.

---

① 现在没有观测证据支持宇宙流体中有明显的黏滞效应，但介绍这一部分对于理解宇宙流体的物理图像是有帮助的.

的能量不仅与流体元的始末状态相关，更与该过程的速度相关[①]；体黏滞表示流体元的形状不发生改变，但是体积大小发生变化时，该过程所消耗的能量. 从方程 (3.18) 的第二项我们仿佛可以得出各向同性压强 P 与体黏滞 P_b 具有很强的简并效应，但其实不然. 各向同性压强只与流体构型的初末状态相关的密度有关，与速度无关，它刻画了流体对外做功的能力；而体黏滞则描述的是体积变化时，流体内能的消耗，这个过程是一个非保守力系统，内能消耗与状态变化速度相关.

$$\delta T^0{}_0 = -\delta\rho \,, \tag{3.20}$$

$$\delta T^i{}_0 = (\bar{\rho} + \bar{P})v^i \,, \tag{3.21}$$

$$\delta T^i{}_j = \delta P \delta^i{}_j + \sigma^i{}_j \,, \tag{3.22}$$

上面公式表达了线性扰动的宇宙流体的应力–能量张量 (stress-energy tensor)，其中我们将体黏滞和剪切黏滞效应都吸收到了 σ_{ij} 当中去了，后者被称为各向异性张量.

下面，我们介绍一种宇宙学重要的多流体微扰结构，曲率扰动也称为绝热扰动. 假设宇宙流体是由多种组分构成的，$\delta\rho_{\text{tot}}(t, \boldsymbol{x}) = \sum_I \delta\rho_I$，其中下角标表示各种物质组成.

首先，我们要引入分离宇宙假设 (separate universe assumption)：宇宙中局域的物质密度分布可以看作是由局域哈勃常数和局域三维空间曲率来描述的子宇宙，宇宙整体的非均匀性表现为各个子宇宙的哈勃常数与空间曲率的不同，如图3.3(a) 所示. 因此，宇宙中不同空间点可以看作是时间坐标不同的子宇宙

$$\delta\rho_I(t, \boldsymbol{x}) = \bar{\rho}_I(\tau + \delta\tau(\boldsymbol{x})) - \bar{\rho}(\tau) = \rho'_I \delta\tau(\boldsymbol{x}) \,, \tag{3.23}$$

$$\delta\tau = \frac{\delta\rho_I}{\bar{\rho}'_I} = \frac{\delta\rho_J}{\bar{\rho}'_J} \,, \tag{3.24}$$

如方程 (3.23) 所示，这里各个不同子宇宙的时间坐标 $\delta\tau(\boldsymbol{x})$ 是依赖于空间位置的. 如方程 (3.24) 所示，同一个子宇宙内由于各个物质组

---

① 参见非牛顿流体.

分都共用同一个时间，所以各个组分的物质密度扰动是相关的，这种扰动被称作绝热扰动. 这种扰动模式被实验数据证实是宇宙流体的最主要的扰动模式，如果不是唯一重要的模式的话. 除此之外，原则上还可以有熵扰动，如图3.3(b) 所示. 该图表示一维的密度分布，最上面水平线表示总的物质密度，下面表示两种组分各自的密度分布，二者恰好正负相消. $\delta P(\rho, s) = \partial P/\partial \rho * \delta \rho + \partial P/\partial s * \delta s$，第一项表示绝热扰动，第二项表示熵扰动.

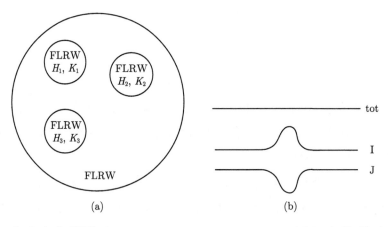

图 3.3   分离宇宙假设 (separate universe assumption)(a) 和熵扰动 (b) 的示意图.

在假设 $\Phi = \Psi$ 后，广义相对论框架下的宇宙学线性扰动方程可以写为

$$\nabla^2\Phi - 3\mathcal{H}(\Phi' + \mathcal{H}\Phi) = 4\pi Ga^2\delta\rho , \tag{3.25}$$

$$\Phi' + \mathcal{H}\Phi = -4\pi Ga^2(\bar{\rho} + \bar{P})v , \tag{3.26}$$

$$\Phi'' + 3\mathcal{H}\Phi' + (2\mathcal{H}' + 2\mathcal{H}^2)\Phi = 4\pi Ga^2\delta P , \tag{3.27}$$

这组相对论方程相比于牛顿引力的泊松方程多了引力势对时间的导数项，这体现了宇宙学背景中的相对论效应出现在哈勃尺度上或是超哈勃尺度上.

习　　题

- 星系巡天观测中的星系成团性 (galaxy clustering) 测量中，相对论效应是如何体现的？
- 推导不假设 $\Phi = \Psi$ 情况下，共形牛顿规范 (conformal Newtonian gauge) 下，完整的线性爱因斯坦方程.

第 4 章　原初功率谱

本章我们将介绍宇宙暴胀的基本原理. 从方程 (1.2) 我们不难发现, 其中的耦合系数只有牛顿引力常数 G 和光速 c, 不包含约化 Planck 常数 $\hbar$. 而后者则标志着量子效应的物理尺度. 这就意味着, 广义相对论不包含任何量子效应. 考虑一个质量为 M 的施瓦西黑洞, 其视界半径大小为 $R_s = 2GM/c^2$. 而量子效应的测不准原理要求 $\delta P \cdot \delta \lambda \lesssim \hbar$, 其中 $\delta P, \delta \lambda$ 分别表示某量子过程对应的动量和物理尺度. 那么黑洞视界内部的任何一个量子过程, 其相互作用的距离尺度不会超过施瓦西半径 ($\delta \lambda \leqslant R_s$). 如果我们认为黑洞视界内的量子过程能提取的经典能量[①]不会超过该质量的静止能量 $\delta P \leqslant Mc^2$. 于是, 黑洞视界内部的测不准原理定义出一个引力量子效应的典型能标 $M_* \sim \sqrt{\hbar/G} \sim 10^{19}$ GeV, 我们称之为 Planck 质量或 Planck 能标. 在接近或高于该能标时, 引力的量子效应不可忽略.

上面是从原理出发导出的一个能量标度. 另一方面, 从观测角度, 为了能够解释宇宙中元素丰度, 例如氦丰度[②], 我们需要原初核合成 (BBN). 这就需要我们在宇宙极早期产生足够多的质子和中子, 而他们又是由夸克组成的. 于是, 根据已知的粒子物理标准模型, 强、弱相互作用可以在 10^{15} GeV 能标上由一个对称性更高的量子场论来描述, 即大统一理论 (Grand Unification Theory, GUT). 因此, 该能标被称为大统一能标. 这也就是说, 我们从观测上能够追溯到的最高能标是 10^{15} GeV. 在这个能标之下的物理过程, 跟我们现在已知的粒子物理标准模型符合得很好.

基于以上两点考虑, 如果我们要对宇宙学模型在不违背观测事实以

---

① 这里我们不区分能量和动量, 即认为 $\delta E = \delta P$.

② 我们现在观测到的氦丰度比由恒星燃烧过程能产生的氦丰度高.

及不涉及非微扰形式的量子引力理论的情况下做出修改的话, 我们能够施展的空间只有 $10^{15} \sim 10^{19}$ GeV 之间了. 而我们本章中所要讲解的物理过程正是发生在该能量区间.

4.1 视界问题和平坦性问题

宇宙再复合时期的声学视界大小由图2.2(b) 所示, 其在视线上的张角大约为 $1°$[①]. 又如2.2(a) 所示, 全天的 4π 立体角内包括着上万片这种声学视界. 他们产生于宇宙早期的不同空间位置, 各自相互无关的演化 38 万年, 于再复合时刻的等时面上形成这种图样. 这种图样又经历 138 亿年的演化, 随着可观测宇宙的变大, 进入到视界范围之内. 此时, 我们惊奇地发现, 这些张角为 $1°$ 的小片的温度竟然如此相近, 彼此间的相对误差仅有十万分之一. 这很难让人想象这些小片的初始状态不具有某种程度的相关性.

如图4.1(a) 所示, 热大爆炸宇宙学模型下, A、B、C 三个点的初始状态是无关的, 因此由他们演化出来的 38 万年的三个光锥内部应该相互之间完全不具有相关性, 这与观测事实不符. 图4.1(b) 展示了视界问题的一种解决方案, 即我们只需要将光锥在一个短时标内急速扩大, 那么向后光锥与 38 万年的等时面所截出的部分完全在扩大后的光锥内部, 也就是说这些点都是来自于相同的一个初始状态, 那么具有观测上的均匀性则是一件自然的事情了. 这里我们要引入一个刻画空间尺度膨胀倍数的量 e 叠 (e-folding number)($e^N = a/a_0$). 那么, 下面我们计算一下要解决视界问题大约所需的 e 叠. 假设全天有 10^4 片再复合时期的声学视界, 那么我们需要将标度因子扩大 100 倍, 那么 $N \sim 5$. 注意到, 要解决热大爆炸宇宙学的各种疑难问题, 所需要的 e 叠数不尽相同.

下面我们来介绍另一个理论疑难——平坦性问题. 当前我们观测到的宇宙三维空间的曲率所对应的能量密度 $\Omega_k < 0.005$, 按照 Friedmann 方程, 有 $\Omega_k = k/(a^2 H^2)$. $a^2 H^2 \propto a^{-1}$(MD) 或 a^{-2}(RD), 因此我们可以

---

① 相当于伸直手臂后拇指指甲盖的大小.

得出 Ω_k 在越早期其数值越接近于 0. 这在理论上就产生了疑难, 如果宇宙的三维空间曲率不等于 0 的话, 为什么会在初始时具有一个极度接近于 0 但又不等于 0 的值. 这种情况看上去是极不自然的. 对于该问题的解决方案也是将宇宙体积扩大, 从而稀释掉了单位空间曲率. 这就使得宇宙的初始状态可以从一个并不太小的单位空间曲率出发, 但是短时间内体积极速扩大, 从而稀释了单位空间的曲率密度, 然后再续接上热大爆炸宇宙学模型.

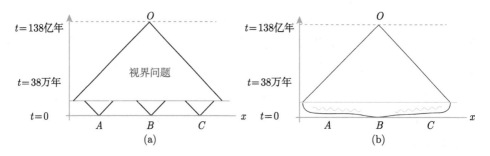

图 4.1　热大爆炸宇宙学模型下的视界问题 (a) 和视界问题的解决方案 (b).

4.2　暴 胀 机 制

本节我们将要介绍上一节中所述的热大爆炸疑难解决方案的物理机制——暴胀机制. 首先, 需要强调的是, 暴胀机制是一个人们普遍相信的主流机制, 但尚未被观测证实, 而且也并非唯一的解释机制. 该机制由 Alan Guth 在 1980 年提出, 其核心思想是基于含时真空态的量子场论①.

如图4.2 所示, 蓝线代表着密度扰动/曲率扰动的某个共动 Fourier 模式, 因此其共动波长不随时间变化. 红线代表着暴胀时期的共动哈勃视界的大小, 拐点的左侧代表着暴胀相, 右侧代表着辐射为主时期, 拐

---

① 在此之前, 人们普遍认为量子场论的希尔伯特空间中的各个状态应当是不含时的. Alan Guth 在 1980 年大胆地将含时的量子场论应用到宇宙学中, 并发现其可以很好地解决热大爆炸疑难.

点本身代表着暴胀相的结束时刻. 所谓暴胀相是指宇宙此时的能量密度近似于一个常数 (即真空能)[①], 但注意到暴胀相的能量密度不能为严格的常数, 否则宇宙一旦进入到暴胀相就无法退出. 此时, 宇宙的哈勃常数/哈勃视界也近似为常数, 此时的标度因子按照 e 指数增长 $a = e^{H\Delta t}$. 于是我们有共动的哈勃视界 $\mathcal{H}^{-1} = 1/aH$ 在暴胀相内随着时间的演化按照 e 指数缩小.

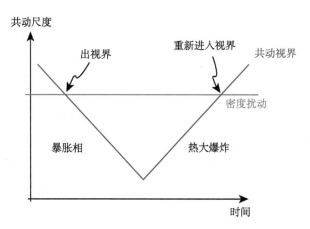

图 4.2 暴胀时期的时空图 [14].

当蓝线在红线上方的时候, 表示该扰动模式超出哈勃视界之外; 相反的情况, 表示该扰动模式在哈勃视界范围之内. 于是, 我们从右向左沿着蓝线看的话, 标准热大爆炸时期的某个时刻, 该扰动模式处于哈勃视界范围之内; 逆时间轴, 该扰动会在某时刻超出哈勃视界之外; 但总会在暴胀时期的某个时刻重新进入到哈勃视界范围之内. 因此, 我们现在观测到的均匀宇宙实际上是产生于暴胀时期的视界范围内一小片因果联通区.

---

① 能量密度严格为常数的宇宙学解被称为 de Sitter 解, 因此宇宙处于暴胀相时, 是一个准 de Sitter 解.

4.3　暴胀场的量子化

第 2 章中，我们介绍了引力度规和流体的能动张量. 前者是用经典的场论的方法去描述的，后者是用流体力学的方法描述的. 而本章中的暴胀机制则是通过背景上的经典场论 + 扰动阶上的量子场论来描述的. 本节中，我们则主要介绍暴胀场的量子扰动理论. 我们知道量子力学系统按照统计性质的差别可以分为玻色子和费米子. 费米子受到 Pauli 不相容原理的限制，即同一时空点处不可以有多个粒子处于相同的态. 这就使得我们无法在同一时空点叠加太多的费米子. 因此，费米子态不会贡献主要的局域能量密度，在宇宙学上意义不大. 而玻色子则可以在同一个时空点处积累出很高的能量密度，因此适合在宇宙学背景中发挥主要作用. 鉴于此种考虑，暴胀机制往往由最简单的玻色子来刻画，即标量场. 下面，我们介绍一个简单的暴胀模型 ($m^2\phi^2$ 模型).

从一个经典标量场理论的作用量出发，可以求得其密度和压强

$$\rho_\phi = \frac{1}{2}\dot{\phi}^2 + V(\phi) \,, \tag{4.1}$$

$$P_\phi = \frac{1}{2}\dot{\phi}^2 - V(\phi) \,, \quad V(\phi) = \frac{1}{2}m^2\phi^2 \,, \tag{4.2}$$

我们要求动能远小于势能 ($\dot{\phi}^2 \ll V(\phi)$)，于是有 $\rho_\phi \simeq V(\phi)$, $\rho_\phi \simeq -P_\phi$. 这类暴胀模型被称为"慢滚暴胀"(slow roll inflation). 此时的宇宙膨胀主要由暴胀场的势能来推动 $H^2 \simeq V(\phi)/3M_{pl}^2$. 由于暴胀场随时间的变化很慢，势能近似于宇宙学常数，此时宇宙处于一个准德西特相 (de Sitter phase). 一般地，我们用两个慢滚参数来刻画暴胀相对于德西特相的偏离.

$$\epsilon = \frac{M_{pl}^2}{2}\left(\frac{V'}{V}\right)^2 \,, \tag{4.3}$$

$$\eta = M_{pl}^2\left(\frac{V''}{V}\right) \,, \tag{4.4}$$

不难看出，二者分别刻画了势能的斜率和曲率，一般地有 $\epsilon \sim \eta \sim 0.01$.

本节的重点是讨论暴胀场扰动的量子化问题. 这一问题属于弯曲时空量子场论的框架，$\phi = \bar{\phi} + \delta\phi$. 这里 $\bar{\phi}$ 是背景暴胀场，是用经典场论来刻画的；$\delta\phi$ 则是我们的主要研究对象，是要进行量子化的对象. 为了将方程的形式表达得更为简洁，这里我们定义 $\delta\phi = f/a$. 于是 f 场的经典 Klein-Golden 方程可以写为

$$f_k'' + \left(k^2 - \frac{a''}{a}\right) = 0 \,, \Rightarrow f_k'' + \left(k^2 - \frac{2}{\tau^2}\right) = 0 \,, \tag{4.5}$$

其中撇号 ($''$) 是对共形时间 τ 求导. 在暴胀时期，我们有 $a''/a \approx 2\mathcal{H}^2$，$a = -1/H\tau$. 不难看出，方程 (4.5) 中的 ($a''/a$) 项定义了一个空间曲率半径 (共动哈勃视界)，波长大于哈勃半径时，空间曲率效应明显影响 f 的解；当波长小于哈勃半径时，空间曲率效应忽略不计，f 退回到平直空间简谐振子的情况. 方程 (4.5) 有严格解

$$f_k(\tau) = \alpha \frac{\mathrm{e}^{-ik\tau}}{\sqrt{2k}}\left(1 - \frac{i}{k\tau}\right) + \beta \frac{\mathrm{e}^{ik\tau}}{\sqrt{2k}}\left(1 + \frac{i}{k\tau}\right) \,, \tag{4.6}$$

在暴胀时期 $\tau \to -\infty$ 代表着暴胀开始，$\tau \to 0$ 代表暴胀结束.$|k\tau| \gg 1$ 代表深入在哈勃视界范围之内，$|k\tau| \ll 1$ 代表超哈勃视界. 于是可以得出在超哈勃视界尺度之上，$f_k \approx 1/k^{3/2}\tau$，$\delta\phi_k \approx H/k^{3/2}$. 后面我们可以定义无量纲的标量场扰动将 $k^{-3/2}$ 系数吸收掉，于是可以得到 $\delta\phi_k \propto H$.

另一方面，对于 $V(\phi) = \frac{1}{2}m^2\phi^2$ 模型，有 $V_{\phi\phi} = m^2$，$V_{\phi\phi}/H^2 \approx 3\eta$，因此 $m \approx \sqrt{\eta}H$. 又由 $H^2 = V/3M_{pl}^2$，得 $\phi = M_{pl}/\sqrt{\eta}$. 由于 $\eta \ll 1$，所以 $\bar{\phi} \gg M_{pl}$. 由此，我们可以得出如下结论：暴胀场的背景场需要在 Planck 能标之上才能激发出来 $\bar{\phi} \gg M_{pl}$；而其扰动场则在暴胀能标上就能激发出来 $\delta\phi \propto H$，二者探测的是两个能标上的物理. 通过下面的正则量子化手续，我们将解释 $\delta\phi$ 的解为什么是前述的样子. 注意，我们量子化的不是背景场而是扰动场. 这是由于，目前我们还没有一个完

整的量子引力理论，而对扰动场的处理则是在弯曲时空量子场论的框架下进行的.

　　微观的时空结构类似于一个弹簧床垫，当每个节点偏离平衡位置处时，便对应着量子态的激发 (图4.3). 如果不考虑这种量子效应，对于经典的真空态而言，我们完全有理由取方程 (4.6) 中的系数 $\alpha = \beta = 0$. 量子场论中正则量子化的思路是将经典方程的解作为本征波函数，配上产生湮灭算符，一起构成量子场算符. 由于量子力学中的波函数具有分布概率的意义，因此我们有方程 (4.6) 中的系数 $\alpha^2 + \beta^2 = 1$. 一般地，我们取 $\alpha = 1, \beta = 0$，即所谓 Bunch-Davis 真空，它对应没有粒子产生的绝热真空.

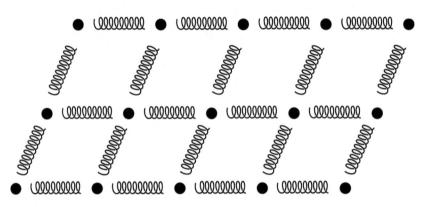

图 4.3　微观的时空结构类似于一个弹簧床垫，当每个节点偏离平衡位置处时，便对应着量子态的激发.

　　如图4.4(a) 所示，当涨落尺度远在哈勃视界范围之内时，其对应于平直空间的简谐振子. 此时，相距 k^{-1} 的两个空间点的标量场扰动处于相干态.

$$f_k(\tau) = \frac{\mathrm{e}^{-\mathrm{i}k\tau}}{\sqrt{2k}} \left(1 - \frac{\mathrm{i}}{k\tau}\right) \to f_k(\tau) = \frac{\mathrm{e}^{-\mathrm{i}k\tau}}{\sqrt{2k}} , \tag{4.7}$$

在暴胀过程中，物理的哈勃视界尺度近似不变，但简谐振子的物理尺度被急剧拉长，当其超出哈勃视界范围之外的时候，此时波函数不再振荡，该扰动由量子相干态退化为经典的非相干态.

$$f_k(\tau) = \frac{e^{-ik\tau}}{\sqrt{2k}}\left(1 - \frac{i}{k\tau}\right) \rightarrow f_k(\tau) = -\frac{i}{\sqrt{2}k^{3/2}\tau}\,, \tag{4.8}$$

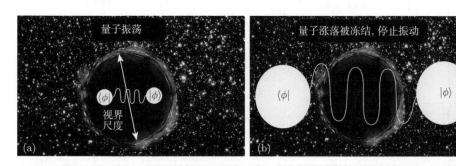

图 4.4　(a) 亚哈勃视界范围内振荡的量子态；(b) 超哈勃视界尺度上的量子态被冻结.

　　如图4.5 所示，暴胀时期的亚哈勃尺度上的量子扰动会被迅速地拉出视界，不再振荡，直至该模式再次重新进入视界，作为经典扰动的初始值被赋予标准宇宙学的动力学方程. 因此，可以看出对于我们的观测而言，暴胀是产生标准宇宙学演化的初始状态的机制. 我们感兴趣的是这个初始值是什么样子的，也就是说我们感兴趣的是扰动的超视界解. 由前面的关系，可以得出 $\Delta^2_{\delta\phi}(k,\tau) = a^{-2}\Delta^2_f(k,\tau) = (H/2\pi)^2$. 但是，由于暴胀场及其扰动在暴胀结束的时候就衰变为其他粒子了，因此 $\delta\phi$ 本身不能残存下来给后面的经典演化以初始条件；取而代之的是，时空的曲率扰动 $\mathcal{R}$. 因此，我们真正计算的是曲率扰动 $\mathcal{R}$ 在超视界尺度上的值. 曲率扰动与 $\delta\phi$ 通过引力耦合，由于 $\delta\phi$ 具有量子扰动形状，因此 $\mathcal{R}$ 可以看作一个平均值为零的高斯随机场，我们感兴趣的是这个随机场的方差

$$\Delta^2_{\mathcal{R}} = \frac{1}{2\epsilon}\frac{\Delta^2_{\delta\phi}}{M^2_{pl}}\bigg|_{k=aH} = \frac{1}{8\pi^2\epsilon}\frac{H^2}{M^2_{pl}}\bigg|_{k=aH}\,, \tag{4.9}$$

其中慢滚参数 ϵ 刻画了暴胀场势能的斜率,因此测量暴胀时期的时空曲率扰动 $\mathcal{R}$ 的功率谱不能直接反映暴胀能标 H 的高低.

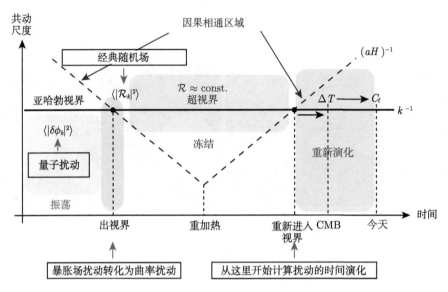

图 4.5　暴胀时期的量子扰动出视界以及其重新进入视界. 重新进入视界的扰动可以看作是经典扰动的初始值 [1].

以上介绍的是利用高能物理的语言对于暴胀过程的刻画,天体物理领域则直接将利用一个幂律谱来描述原初曲率扰动.

$$\Delta_{\mathcal{R}}^2 = A_s \left(\frac{k}{k_*} \right)^{n_s-1}, \tag{4.10}$$

其中 A_s 刻画原初扰动的大小 $\sim 10^{-10}$, n_s 刻画原初功率谱的谱形 ~ 0.96, k_* 是参考尺度,原则上可以任取,但实际上我们往往选取测量精度最好的尺度,比如 $k_* = 0.002 \ \mathrm{Mpc}^{-1}$ 或 $k_* = 0.05 \ \mathrm{Mpc}^{-1}$. $n_s = 1$ 被称为标度不变谱, $n_s < 1$ 被称为红谱, $n_s > 1$ 被称为蓝谱. 如图4.6(a)所示,红色带状部分表示现有数据对于原初标量扰动[①]的限制结果,绿线和蓝线分别代表标度不变谱和蓝谱. 红谱意味着扰动波长越长,其振

① 标量扰动即为曲率扰动.

幅越高. 从图4.6(b) 中, 我们可以看出长波模式 (k_1) 比短波模式 (k_2) 先出视界, 其扰动振幅大代表着高能标的扰动比低能标的扰动要大.

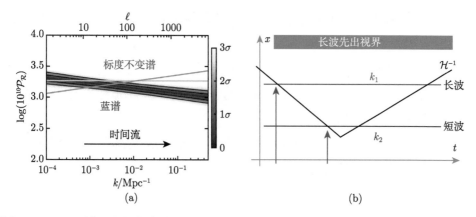

图 4.6 (a) 原初时空曲率扰动的功率谱; (b) 长波模式 (k_1) 先出视界后进视界; 短波模式 (k_2) 后出视界先进视界.

暴胀时期除了暴胀场会产生量子涨落之外, 引力的度规场也会产生量子涨落. 前述的曲率扰动就是引力度规的涨落, 但是由于曲率涨落与暴胀场的能量密度涨落耦合在一起, 所以不能完全反映时空本身的性质. 但是, 度规的张量线性涨落则完全依赖于时空本身, 其反映了时空本身在暴胀能标上的性质. 因此张量涨落 (即原初引力波) 是暴胀能标探测的最为直接的方式. 其正则量子化手续跟前述标量场扰动的量子化手续十分类似. 最终的张量扰动的功率谱也是幂律形式

$$\Delta_t^2 = \frac{2}{\pi^2} \frac{H^2}{M_{pl}^2}\bigg|_{k=aH} = A_t \left(\frac{k}{k_*}\right)^{n_t}, \quad r = \frac{A_t}{A_s}, \tag{4.11}$$

A_t 代表原初引力波的振幅, n_t 是张量扰动的谱指标, r 被称为张标比. 单场慢滚模型下, 一般地我们有 $r = 16\epsilon$, $n_t = -2\epsilon$. $n_t = -r/8$ 被称为一致性关系.

习　　题

- 如果要求在 GUT 能标上宇宙空间各个点保持均匀性, 所需要的 e 叠应为多少?
- 调研什么是 Lyth bound, 并推导之.
- 宇宙暴胀 (cosmic inflation) 的替代方案都有哪些? 这些方案有没有原则性的问题?
- 宇宙极早期的物质密度涨落是否可能形成黑洞? 这些黑洞能够长期存活的条件是什么?

第 5 章　大尺度结构的线性增长

第 4 章中，我们介绍了原初扰动的产生机制. 本章中，我们将介绍当暴胀期间产生的扰动模式出视界后又重新进入视界，引力势与各种物质组分是怎样在其影响下进行动力学演化的过程.

5.1　引　力　势

由于各种物质组分都与引力耦合，所以我们首先介绍引力势在宇宙各个时期的线性扰动. 度规的里奇标量 (Ricci scalar) 是一个规范不变量，在各个坐标系下具有相同的数值，它与牛顿势 (Newtonian potential) 在超视界尺度之上[①]具有如下关系

$$\mathcal{R} = -\Phi - \frac{2}{3(1+w)}\left(\frac{\Phi'}{\mathcal{H}} + \Phi\right), \tag{5.1}$$

其中 w 表示宇宙所处历史时期的物态方程，由于各个历史时期接续演化，w 在这里是随时间变化的. 对于 w 随时间演化的效应，我们稍后看到. 牛顿势的线性方程为

$$\Phi'' + 3(1+w)\mathcal{H}\Phi' + wk^2\Phi = 0. \tag{5.2}$$

对于超视界尺度上的扰动模式 k^2 项可以忽略，因此我们不难猜测 $\Phi = \mathrm{const.}$ 将会是该方程在超视界尺度上的一个解，由此可得在超视界尺度上 $\mathcal{R} = \mathrm{const.}$ 根据方程

$$\delta_k^{\mathrm{tot}} = -\frac{2}{3}\frac{k^2}{\mathcal{H}^2}\Phi - \frac{2}{\mathcal{H}}\Phi' - 2\Phi, \tag{5.3}$$

---

① 即略去 k^2 项后.

我们可以看出总的物质密度扰动 $\delta_k^{\text{tot}} = -2\Phi = \text{const.}$，即总的物质密度扰动在超视界尺度上被冻结，其扰动不随时间改变. 然后根据方程 (3.24) 所示的绝热扰动条件，我们可以得到各个物质组分的密度扰动

$$\delta_m = \frac{3}{4}\delta_r \approx -\frac{3}{2}\Phi_{\text{RD}} , \tag{5.4}$$

其中 RD 表示辐射为主时期.

在某种物质组分为主的时期内，Φ 和 $\mathcal{R}$ 在超视界尺度上都是守恒的，我们有

$$\mathcal{R} = -\frac{5+3w}{3+3w}\Phi . \tag{5.5}$$

然而，如果考虑物质-辐射转变时期的话，此时 w 随时间改变.Φ 不是严格守恒的，真正严格守恒的是 $\mathcal{R}$. 因此，有

$$\mathcal{R} = -\frac{3}{2}\Phi_{\text{RD}} = -\frac{5}{3}\Phi_{\text{MD}} , \rightarrow \Phi_{\text{MD}} = \frac{9}{10}\Phi_{\text{RD}} . \tag{5.6}$$

如图5.1 所示, 对于 $k < k_{\text{eq}}$ 的扰动，其重新进入视界发生在物质为主时期. 当宇宙进入物质为主时期后该模式仍有一段时间保持超视界尺度，此时的 $\Phi_{\text{MD}} = \frac{9}{10}\Phi_{\text{RD}}$.

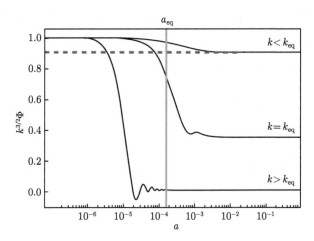

图 5.1　不同尺度的牛顿势的扰动模式随时间的演化. k_{eq} 表示在物质辐射相等时期进入视界的扰动模式 [1].

下面，我们来讨论亚哈勃视界尺度上的牛顿势的演化行为. 在辐射为主时期 $w = 1/3$，有

$$\Phi'' + \frac{4}{\tau}\Phi' + \frac{k^2}{3}\Phi = 0 \, , \tag{5.7}$$

该方程的一般解为

$$\Phi_k(\tau) = A_k \frac{j_1(x)}{x} + B_k \frac{n_1(x)}{x} \, , \quad x = \frac{1}{\sqrt{3}}k\tau \, , \tag{5.8}$$

其中

$$j_1(x) = \frac{\sin x}{x^2} - \frac{\cos x}{x} = \frac{x}{3} + \mathcal{O}(x^3) \, , \quad 增长模式 \tag{5.9}$$

$$n_1(x) = \frac{\cos x}{x^2} - \frac{\sin x}{x} = \frac{1}{x^2} + \mathcal{O}(x^3) \, , \quad 衰减模式 \tag{5.10}$$

宇宙学线性微扰论中，我们不考虑衰减模式，原因是：如果衰减模式目前不为零，那么在宇宙早期其振幅将会非常大，这不符合我们目前对于宇宙早期初始状态的认知. 利用前面在超视界尺度上里奇标量与牛顿势在辐射为主时期的关系，我们可以得到牛顿势在全尺度上 (包括超视界和亚哈勃视界) 的解为

$$\Phi_k(\tau) = -2\mathcal{R}_k(0)\left(\frac{\sin x - x\cos x}{x^3}\right) \, , \quad 全尺度 \tag{5.11}$$

在亚哈勃视界尺度上，上面的解可以约化为

$$\Phi_k(\tau) \approx -6\mathcal{R}_k(0)\frac{\cos\left(\frac{1}{\sqrt{3}}k\tau\right)}{(k\tau)^2} \, , \quad 亚视界尺度 \tag{5.12}$$

这个解代表着辐射为主时期亚哈勃视界的引力势，受到辐射压、局域引力势以及背景膨胀的共同作用，一边以 $k/\sqrt{3}$ 的频率振荡，一边以 a^{-2} 进行振幅衰减，参见图5.1中 $k > k_{\rm eq}$ 的曲线.

下面，我们再来讨论物质为主时期的亚哈勃视界尺度上的牛顿势的解. 其动力学方程为

$$\Phi'' + \frac{6}{\tau}\Phi' = 0 , \tag{5.13}$$

明显地，该方程具有一个 $\Phi_k = \text{const.}$ 的解. 这意味着：在物质为主时期，无论是超视界尺度还是亚哈勃视界尺度，引力势阱的深度都不随时间改变——这是 LCDM 宇宙学线性微扰论中最重要的一个结论.

5.2　物质组分

5.2.1　辐射

辐射为主时期的辐射密度扰动方程为

$$\delta_r = -\frac{2}{3}(k\tau)^2\Phi - 2\tau\Phi' - 2\Phi , \tag{5.14}$$

在超视界尺度上，我们有

$$\delta_r = -2\Phi , \tag{5.15}$$

在亚哈勃视界尺度上，我们有

$$\delta_r \approx -\frac{2}{3}(k\tau)^2\Phi = 4\mathcal{R}(0)\cos\left(\frac{1}{\sqrt{3}}k\tau\right) , \tag{5.16}$$

可以看到该扰动模式符合在零点附近振荡的简谐振子方程

$$\delta_r'' - \frac{1}{3}\nabla^2\delta_r = 0 . \tag{5.17}$$

如图5.2(a) 的蓝色方框所示，此时的辐射物质密度在零周围振荡；而此后的橘色方框所示的衰减则是由于重子–光子等离子体的紧束缚近似在该时期逐渐失效所致. 该现象不能用单流体来刻画，需要更为复杂的 Boltzmann 方程，这里我们暂不讨论.

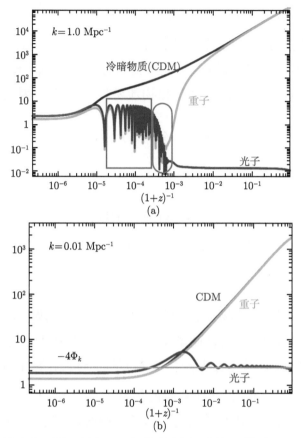

图 5.2 (a) 辐射为主时期重新进入视界范围内的扰动模式; (b) 物质为主时期重新进入视界范围内的扰动模式 [1].

在物质为主时期, 亚哈勃视界尺度上的辐射物质密度扰动方程为

$$\delta_r'' - \frac{1}{3}\nabla^2\delta_r = \frac{4}{3}\nabla^2\Phi \,, \tag{5.18}$$

相比于辐射为主时期, 此时的等号右边多了常系数外力. 这导致平衡点上移至 $\delta_r = -4\Phi_{\mathrm{MD}}(k)$, 如图5.2(b) 中的蓝色水平直线所示.

5.2.2 暗物质

暗物质流体的守恒方程为

$$\left.\begin{aligned}\delta_m' &= -\nabla \cdot \boldsymbol{v}_m \,, \\ \boldsymbol{v}_m' &= -\mathcal{H}\boldsymbol{v}_m - \nabla\Phi \,,\end{aligned}\right\} \to \delta_m'' + \mathcal{H}\delta_m' = \nabla^2\Phi \,, \tag{5.19}$$

其中引力势 Φ 应当是对于总的物质密度扰动的响应. 在辐射为主时期, 虽然辐射组分在背景中的物质密度占主要部分, 但是由于其能量密度扰动快速振荡, 所以在长时标上其期望值近似为零, $\langle \delta_r \rangle \approx 0$. 哪怕是在辐射为主时期, Φ 仍可以看作是对暗物质密度的响应, 因此有

$$\delta_m'' + \mathcal{H}\delta' - 4\pi G a^2 \bar{\rho}_m \delta_m = 0 \,, \tag{5.20}$$

该方程的解

$$\delta_m \sim \log(a) \,, \quad \text{RD} \,, \tag{5.21}$$

$$\delta_m \sim a \,, \quad \text{MD} \,, \tag{5.22}$$

5.2.3   重子物质

重子物质不同于暗物质, 由于具有与光子的汤姆孙 (Thomson) 散射作用, 二者在辐射为主时期紧束缚在一起, 在宇宙演化至 38 万年时, 二者逐渐退耦. 该退耦过程大约持续 5 万年. 当二者紧束缚时, $\delta_b = \frac{3}{4}\delta_\gamma$, $\boldsymbol{v}_b = \boldsymbol{v}_\gamma$. 因此, δ_b 同 δ_γ 一样随时间振荡; 而在这段时间暗物质的密度比 δ_c 则始终在增长, 因此在重子-光子退耦时, 重子物质的密度扰动相比于暗物质的密度扰动在量级上已经被拉下了一大块.

而在重子-光子退耦之后, 由于重子物质不再被光子拖曳, 此时其在大尺度上的行为表现得跟暗物质相同, 不同点仅在于前期过程产生的物质密度扰动振幅较小.

$$\delta_b'' + \mathcal{H}\delta_b' = 4\pi G a^2 (\bar{\rho}_b \delta_b + \bar{\rho}_c \delta_c) \,, \tag{5.23}$$

$$\delta_c'' + \mathcal{H}\delta_c' = 4\pi G a^2 (\bar{\rho}_b \delta_b + \bar{\rho}_c \delta_c) \,, \tag{5.24}$$

通过方程 (5.23) 可以看出, 重子物质和暗物质的演化方程共享相同的外力项. 因此, 二者初始状态的振幅的差别会逐渐缩小, 关于这一点, 通过图5.2(a) 也可以看出.

习　　题

- 暗能量能够成团吗？如果可以，其物质密度成团的条件是什么？
- 如果暗能量和暗物质之间可以相互转化，那么其演化方程将会是什么样子？
- 如果引力的弱等效原理遭到破坏，那么各个组分的演化方程将呈现什么样子？

第 6 章 宇宙微波背景辐射

CMB 产生于宇宙诞生 38 万年 ($z \approx 1100$)，当时宇宙中的自由电子密度快速降低，在大约 5 万年的时间内迅速完成宇宙整体的电中性化过程. 由于这一过程在宇宙 138 亿年的历程中看来是相当快速的一瞬间，因此我们也将电子–质子的再复合时刻看成薄薄的一个红移切片，称作"最后散射面"(last scattering surface). 如图6.1 所示，在"再复合发生"之前宇宙呈不透明状态，主要由重子–光子等离子体构成；在这之后，电子–质子复合成中性氢原子，光子不再与电子发生 Thomson散射，以光速自由传播至现在. 因此，最后散射面是利用电磁波信号能够"看到"的宇宙最深处.

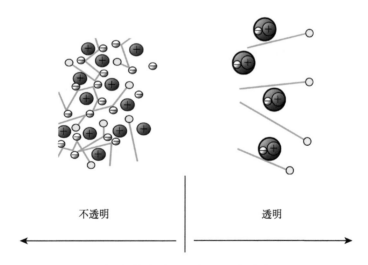

不透明　　　　　　　　　　　　透明

图 6.1　电子与质子的再复合使宇宙整体上呈电中性，光子不再进行频繁的 Thomson 散射，从氢原子的缝隙中穿出，形成原初 CMB 信号.

CMB 信号最早由 Gamov 在 1948 年首次预言，当时的计算显示各向同性的热大爆炸光子余晖的温度大约为 5 K. 但是由于永恒宇宙的朴素哲学观的影响, 热大爆炸理论不被学界接受, 所以这个理论被搁置了将近 20 年, 直至 1965 年美国贝尔电话公司的两位具有天文学背景的工程师 Penzias 和 Wilson 在测试当时世界上最先进的毫米波接收机时, 偶然间发现了一种全天均匀的随机噪声. 这一发现被同在新泽西的普林斯顿大学的 Dicke 小组获悉. Dicke 安排该小组的实验家 Wilkenson 和理论家 Peebles[①]二人, 分别从实验和理论分析了 Penzias 和 Wilson 的数据, 发现跟 1948 年 Gamov 预言的信号是相符的.1978 年 Penzias 和 Wilson 因为这个发现获得了诺贝尔物理学奖. 此后, 美国航空航天局 (NASA) 在 1992 年发射了 COBE 卫星, 成功地在多个频段探测到了 CMB 辐射的黑体谱 (图6.2) 以及 CMB 的各向异性信号. 前者是由 Mather

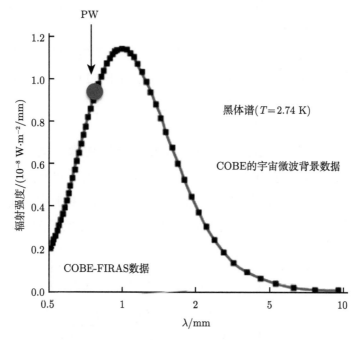

图 6.2　1992 年 COBE-FIRAS 实验得到的 CMB 黑体谱的测量. 其中左侧的红斑表示 1965 年 Penzias 和 Wilson 所测得的信号 [15].

① 获得了 2019 年的诺贝尔物理学奖.

主导的 FIRAS 探测器测得的, 而后者是由 Smoot 主导的 DMR 探测器
发现的. 两位项目负责人分享了 2006 年的诺贝尔物理学奖. 继 COBE
卫星之后, 美国的 NASA 和欧洲航天局 ESA 分别于 2001 年和 2009 年
发射了 WMAP 和 Planck 卫星, 专注于测量 CMB 的各向异性信号. 两
个项目均获得了极大的成功, 可以说在过去二十年间的宇宙学黄金发展
期与二者的推动是不可分割的.

6.1　原初信号的产生机制

CMB 信号产生于宇宙诞生 38 万年时的再复合时期的最后散射面,
此时的信号被称为原初各向异性. 除此之外, CMB 光子在传播路径上
也会收到宇宙演化的影响产生次级各向异性. 本节, 我们首先介绍原初
各向异性的产生机制.

Thomson 散射过程是与 CMB 形成最紧密的物理过程. 再复合发生
之前, 光子和电子反复发生如公式 (6.1) 所示的 Thomson 散射

$$e^-(\vec{q}) + \gamma(\vec{p}) \leftrightarrow e^-(\vec{q'}) + \gamma(\vec{p'}) . \tag{6.1}$$

对于单光子而言, Thomson 散射不改变光子的动量和能量, 只改变其
动量方向, 属于弹性散射. 但 CMB 过程不是单光子过程, 我们采用的
是流体力学描述, 刻画的是一群光子的集体行为. 由于属于非热平衡系
统, 我们采用统计力学的方式描述, 求解该系统的光子配分函数

$$f(\eta, \boldsymbol{x}, \boldsymbol{p}) \propto \left[\exp\left(\frac{h\nu}{k_B \bar{T}(\eta)[1+\Theta(\eta,\boldsymbol{x},\hat{\boldsymbol{n}})]}\right)\right]^{-1}, \tag{6.2}$$

$$\simeq \left[\exp\left(\frac{h\nu \times [1-\Theta(\eta,\boldsymbol{x},\hat{\boldsymbol{n}})]}{k_B \bar{T}(\eta)}\right)\right]^{-1}, \tag{6.3}$$

$$\simeq \bar{f}(\eta) - \frac{d\bar{f}}{d\nu}\Theta\nu + \cdots, \tag{6.4}$$

这里动量的绝对值 $|\boldsymbol{p}| = h\nu$, $\hat{\boldsymbol{n}}$ 代表动量的方向, $\bar{T}$ 代表平均的宇宙背
景温度, $\Theta = \delta T(\eta,\boldsymbol{x},\hat{\boldsymbol{n}})/\bar{T}$ 表示局域的温度扰动相对于平均温度的比

值. 从方程 (6.4) 不难看出, 近似到扰动的一阶 Θ 中应当不包含光子频率 ν, 即 $\Theta(\eta, \boldsymbol{x}, \hat{\boldsymbol{n}})$ 的自变量只有 6 个. 光子的配分函数满足刘维尔定理

$$\frac{\partial f}{\partial \eta} + \frac{\partial f}{\partial \vec{\boldsymbol{x}}} \cdot \frac{\partial \vec{\boldsymbol{x}}}{\partial \eta} + \frac{\partial f}{\partial \vec{\boldsymbol{p}}} \cdot \frac{\partial \vec{\boldsymbol{p}}}{\partial \eta} = C , \tag{6.5}$$

其中等号右边表示碰撞项, 在这里就是 Thomson 散射, 其微分截面如下

$$\frac{\mathrm{d}\sigma}{\mathrm{d}\Omega} = n_{\mathrm{e}} \sigma_{\mathrm{T}} (1 + \cos^2\theta) , \tag{6.6}$$

其中 n_{e} 是自由电子密度, σ_{T} 是 Thomson 散射截面, 其大小反比于经典电子质量的平方. 不难看出, Thomson 散射的最重要的特点是该过程是一个各向异性的四极矩散射过程.

如图6.3 所示, 图表示中心高温区域 (红色) 被周围低温区域 (蓝色) 所包围. 如果中心有一个自由电子, 自下而上有一束光子打到电子上发生散射过程. 如果该过程如图 6.3(a) 所示, 是一个各向同性的散射过程, 那么中央的高温区域内的光子会被打到蓝色低温区域上去, 两部分的光子温度会在该过程的作用下趋于一致. 但真正的情况是如图 6.3(b) 所

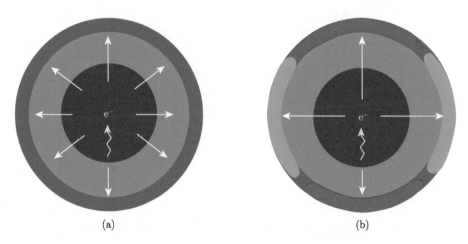

(a)   (b)

图 6.3 假设各向同性的散射过程 (a) 和产生局域的四极矩的 Thomson 散射 (b).

示，是一个局域四极矩散射过程，在图中所示入射光子束的情况下，朝上和朝下的散射光子数目比朝左右两侧的散射光子数更多，因此产生了上下为高温区域，左右为低温区域的局域四极矩的温度场分布. 由此，可得出结论：Thomson 散射过程除了会混合各个区域的光子使局域温度趋于相同之外，还会保留一部分温度分布的不均匀性. 这是 CMB 的各向异性信号产生过程中一个极为重要的机制.

在电子的静止参考系下，方程 (6.5) 等号右边的 Thomson 碰撞项可写为

$$C(\nu, \hat{\boldsymbol{n}}) = n_\mathrm{e} \int \mathrm{d}\hat{\boldsymbol{m}} \frac{\mathrm{d}\sigma}{\mathrm{d}\Omega} \left[-f(\nu, \hat{\boldsymbol{n}}, \hat{\boldsymbol{m}}) + f(\nu, \hat{\boldsymbol{m}}, \hat{\boldsymbol{n}}) \right] , \tag{6.7}$$

$$= -n_\mathrm{e}\sigma_\mathrm{T} f(\nu, \hat{\boldsymbol{n}}) + \frac{3 n_\mathrm{e} \sigma_\mathrm{T}}{16\pi} \int \mathrm{d}\hat{\boldsymbol{m}} f(\nu, \hat{\boldsymbol{m}})[1 + (\hat{\boldsymbol{m}} \cdot \hat{\boldsymbol{n}})^2] , \tag{6.8}$$

其中第一项表示从本体元原本方向为 $\hat{\boldsymbol{n}}$ 散射出本体元且方向为 $\hat{\boldsymbol{m}}$ 的光子；第二项表示从其他体元沿方向 $\hat{\boldsymbol{m}}$ 散射到我们所考虑的体元且方向为 $\hat{\boldsymbol{n}}$ 的光子[①]. 该过程的物理图像可以参见图6.4.

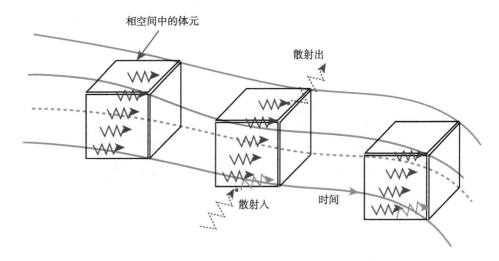

图 6.4　刘维尔定理. Thomson 散射过程的碰撞项的物理诠释.

① 详细推导过程详见文献 [3].

这里，有一点需要说明，如果只是将高温光子气体和低温光子气体放到一起，混合起来的光子气能谱并非是一个具有中间温度的黑体谱，而是与黑体谱有一定偏离的连续谱，这种效应称之为黑体谱畸变 (spectral distortion). 但是，这里我们假设局域的 CMB 达到热平衡[1]，我们要去求解的是各个局域的热平衡区域之间如何通过 Thomson 散射进行热对流，从而获得全局的温度场分布. 而刻画该热对流的量就是方程 (6.5) 中的配分函数. 除了光子的散射效应之外，当观测者与自由电子具有相对运动速度时，多普勒 (Doppler) 效应也会产生 CMB 温度的各向异性. 关于这一点，我们后面再讲.

以上是从相空间的配分函数来描述的，下面我们采用物理图像更为直接的实空间描述. 在第 3 章已经阐述过，对于线性微扰系统，由于各个 k 模式是相互退耦的，所以我们实际上是分别解各个 Fourier 模式的扰动方程. Fourier 模式也可以看作是全空间的平面波扰动，那么下面我们就来看一下实空间中的某个平面波扰动产生的 CMB 各向异性的原理. 在这个物理图像下，我们首先要处理的就是三维物质密度扰动向二维球面的投影效应.

图6.5左下角的子图表示平面波扰动中，光子密度的疏密分布. 势阱中的光子数多、温度高，势垒处的光子数少、温度低[2]. 光子在势垒与势阱中间振荡，光子数目多的地方温度就相对较高. 右上角的子图中的蓝色箭头便是标记的某一时刻重子–光子流体的运动方向 (该时刻等离子流从势阱向势垒爬升).

图6.6表示投影效应产生的各个方向上不同的温度相关尺度. 该图反映的是纯几何的关系，并不反映各向异性的产生机制，而是用来说明各种机制所产生的 CMB 各向异性，其在垂直视线方向张开的相关角度大小. 在水平方向，红/蓝斑的尺寸最小，反映了本来平面波的波长，即声学振荡的特征尺度 (ℓ_2). 在垂直方向，红/蓝斑的尺寸最大. 该方向上由

---

[1] 局部空间具有相同的温度.
[2] 这里我们用蓝色表示高温，红色表示低温. 这与一般常用的约定恰好相反.

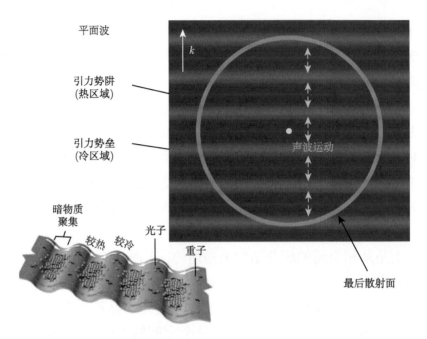

图 6.5   平面波形式的物质密度扰动与 CMB 的投影效应示意图 [16].

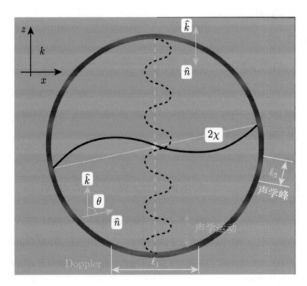

图 6.6   投影效应使得沿不同视线方向上的温度的相关尺度不同.

于水平各点具有相同的相对于观测者的视向速度, 因此 Doppler 效应产生的 CMB 温度各向异性会在大尺度 (ℓ_1) 上具有相关性.

我们要强调的最后一点是宇宙中的电子–质子的再复合过程发生在平均能标为 0.1 eV 时, 而非我们所熟知的氢原子的第一电离能 13.6 eV. 这是由于, 宇宙与我们实验室环境不同, 具有极低的重子–光子比, $\eta = n_b/n_\gamma \sim 10^{-10}$. 完成氢原子的电离, 只需要一个能量为 13.6 eV 的电子就够了. 而宇宙中, 每一个氢原子周围都包围着大量光子, 所以电离氢原子不需要最特征的光子, 而是能谱分布的 "尾巴" 处的高能光子就够了. 这就使宇宙的再复合的能标降到了 0.1 eV. 下面我们简单地介绍一下上述物理过程的数学描述.

6.1.1 声学振荡

在再复合之前, 势阱中的重子–光子等离子体如图6.7一样, 在引力和光压的共同作用下不断发生着振荡, 其振动方程可写为

$$m_{\text{eff}}\ddot{\Theta} + \frac{k^2 c^2 \Theta}{3(1+R)} = m_{\text{eff}} g \,, \tag{6.9}$$

其中有效质量 $m_{\text{eff}} = 1 + R$, 重子–光子的能量密度比 $R = 3\rho_b/4\rho_\gamma \sim 0.6$. 首先, 我们不考虑重子质量的效应, 取 $R = 0$. 重力加速度

$$g = -k^2 c^2 \Psi/3 - \ddot{\Phi} \,, \tag{6.10}$$

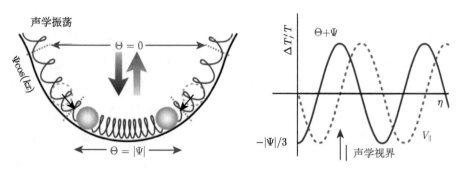

图 6.7 声学振荡过程的示意图 [2].

根据前面章节的内容, 我们可以得出: 在物质为主时期引力势阱可以看作是静态的, 且 LCDM 下有 $\Phi = \Psi$. 因此, 我们可以引入 $\tilde{\Theta} = \Theta + \Psi$, 方程 (6.9) 就可以化为

$$\ddot{\tilde{\Theta}} + k^2 c^2 \tilde{\Theta}/3 = 0 . \tag{6.11}$$

该方程的解为简谐振子. 由绝热初始条件我们有

$$\Theta(0) = -2\Psi/3 , \quad \dot{\Theta}(0) = 0 , \tag{6.12}$$

于是, 该方程的解为

$$\tilde{\Theta} = \Psi \cos(k\eta)/3 , \tag{6.13}$$

可以参见图6.7右侧子图的蓝色曲线. 将这个解对应到图6.7的左侧子图中, 解 (6.13) 表示势阱的最底部的空间点①处的有效温度随着时间的周期变化. 这种周期变化是由于重子–光子等离子体在势阱中振荡, 当其聚集到势阱底部时该点的温度就升高, 当其振荡到势阱边缘时, 势阱底部点处的温度就变低. 这里, 我们假设观测者是局域在势阱之中的. 但实际上的观测者是在无穷远处, 因此无穷远处的观测者测量到的光子温度除了要扣除 $1 + z$ 的红移因子之外, 还要扣除掉光子完成最后散射飞出势阱时所丢失的引力势能 Ψ. 因此, $\tilde{\Theta}$ 就是无穷远观测者测量到的势阱底部点处的温度. 由于 Ψ 值本身是负的, 所以我们可以看出来: 在刚开始振荡的时刻, 重子–光子等离子体处于势阱边缘 (图6.8), 底部的温度较低.

　　首先, 我们考虑一个特殊宽度的势阱, 从开始振荡到完成再复合, 绿色小球 (重子–光子等离子体的高密区) 振荡了半个周期. 这段时间的势阱底部的温度变化如图6.8的右侧子图中的蓝色曲线所示, 从刚开始的最冷到最后的最热. 因此, 对于该扰动模式而言, 它贡献的是一个最后散射面上的热斑, 我们可以将其视为声学振荡的基频模式. 其次, 对于一阶高次谐波 (势阱宽度是基频模式的一半), 在完成再复合之前一

----

　　① 势阱中的其他各点与势阱最底部的空间点相差一个平面波的振幅调节因子.

共振荡了一个整周期，因此它所贡献的是最后散射面上的冷斑．由于密度扰动的存在，最后散射面并非完美的球面，而是像高尔夫球球面一样，存在着高高低低的势垒和势阱．在这些势垒和势阱中，发生着上述声学振荡．这一过程产生了大约 90% 的 CMB 各向异性信号，被称为 Sachs-Wolfe 效应，反映了宇宙在 38 万年时的信息．

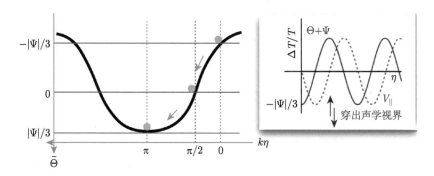

图 6.8　重子声学振荡示意图．绿色小球代表重子-光子等离子体的高密度区，$k\eta = 0$ 时刻高密度区处于势阱边缘处，$k\eta = \pi$ 时刻处于势阱的最低处 [2]．

6.1.2　重子拖曳

6.1.1 节我们忽略了重子质量的效应，本小节中我们来讨论重子 R 的效应．等离子体加入重子相当于简谐振子的小球质量增加，因此简谐振子的振幅会增大 (图6.9)．

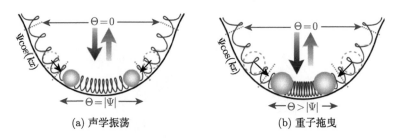

(a) 声学振荡　　　　　(b) 重子拖曳

图 6.9　声学振荡和重子拖曳效应的对比。考虑重子质量后，简谐振子的振幅增加，但是初始时刻小球的位置由暴胀决定，不能改变，因此平衡点的位置下移 [2]．

　　但是由于谐振子小球的初始位置是由暴胀的物理机制决定的,与此时的重子质量并不相关,因此我们必须要保持谐振子的初始位形不变.因此,谐振子的振幅变大只能使得平衡点的空间位置下移,温度上移(如图6.10 所示).

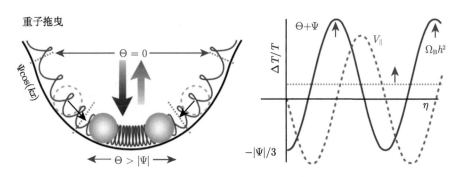

图 6.10　重子拖曳效应示意图. 考虑重子质量后,谐振子平衡点的温度上移到绿色虚线所示的位置处[2].

6.1.3　多普勒效应

　　以上我们讨论的是当观测者与电子没有相对运动速度的情况. 而实际上如图6.11 所示,电子会随着等离子体流以 $c/\sqrt{3}(1+R)$ 的相对论速度朝我们飞来或离我们远去. 这个效应产生 Doppler 频移是不可以忽略的.

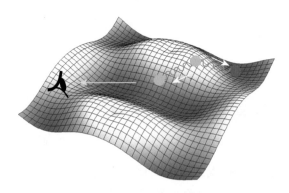

图 6.11　Doppler 效应产生频率移动,进而改变光子温度产生温度的各向异性.

Doppler 效应产生频率移动 $f^{\text{obs}} = f^{\text{rest}}(1 + v/c)$，根据 Wien 位移定律 (黑体谱的峰值频率与温度的正比关系)$f \propto T$, 由于各个区域的速度不同，因而该效应产生了温度的不均匀性,

$$\left.\frac{\Delta T}{T}\right|_{\text{Doppler}} \propto \frac{v}{c} . \tag{6.14}$$

如图6.6 所示，由于当视线方向与波矢方向平行时，视向的 Doppler 效应最大，而垂直于波矢方向上共动的等离子体流区域在视线上的张角比声学振荡尺度要大，因此 Doppler 效应在 CMB 的各向异性上主要反映在大尺度上面. 由方程 (6.14) 可知，Doppler 效应产生的温度各向异性是与等离子体的速度场相关的. 而从前面两小节可以看出声学振荡效应是由等离子体的密度振荡得来，反映的是流体密度场信息. 方程 (6.13)告诉我们密度场是 cos 振荡的，通过流体的速度守恒方程我们不难得出流体的速度场正比于密度场的一阶时间导数，因此是 sin 振荡的，如图6.7右侧子图的红色虚线所示. 由此，我们可以看出流体的速度场和密度场相差一个 $\pi/2$ 的相位，关于这点我们可以在后面 CMB 的 E 模极化中看出.

6.1.4 光子弥散

由于光子与电子的束缚并非完美，光子在电子之间可以随机行走，等离子体的冷热部分相互混合，从而抹平温度扰动，这称为光子弥散.

如图6.12 所示，再复合之前，光子在弥散尺度 λ_{D} 范围内多次碰撞，通过热对流的方式将该尺度之下的温度均匀化. 假设再复合之前，一共碰撞了 N 次，那么光子的弥散尺度如下

$$\hat{\lambda}_{\text{D}} = \hat{\lambda}_1 + \hat{\lambda}_2 + \cdots + \hat{\lambda}_N , \tag{6.15}$$

其中 ^ 表示该量为随机量，各个 $\hat{\lambda}_i$ 相互之间不关联，$\langle \hat{\lambda}_i \hat{\lambda}_j \rangle = 0$，且有

$$\langle \hat{\lambda}_i \rangle = 0 , \quad \langle \hat{\lambda}_i^2 \rangle = \lambda_C^2 , \tag{6.16}$$

其中 λ_C 表示光子的平均自由程，即两次 Thomson 散射之间光子能够自由传播的距离. 由此，我们可得

$$\langle \hat{\lambda}_{\mathrm{D}} \rangle = 0 , \quad \langle \hat{\lambda}_{\mathrm{D}}^2 \rangle = N\lambda_C^2 . \tag{6.17}$$

即光子的弥散尺度 $\sqrt{\langle \hat{\lambda}_{\mathrm{D}}^2 \rangle} = \sqrt{N}\lambda_C \gg \lambda_C$. 对于波长比弥散尺度小的密度扰动，其密度涨落会被光子弥散效应 e 指数压低，这被称为 Silk 阻尼效应[1]. 在后面我们要讲到的功率谱上，表现为从 CMB 温度的第四峰开始，功率谱的振幅显著降低.

图 6.12   光子的弥散效应示意图.

在最后散射发生之后，光子平均自由程近似于无穷大，即宇宙 38 万年时刻的信息，经过 138 亿年的雨雪风霜，几乎毫无损失地被保留到现在. 这就是之前我们所说的宇宙的"婴儿时期的脸 (baby face)".

按照前述四种 CMB 的生成机制，我们可以解析计算出 CMB 的角功率谱，如图6.13所示.

---

[1] 由该效应的发现者 Joseph Silk 的名字来命名.

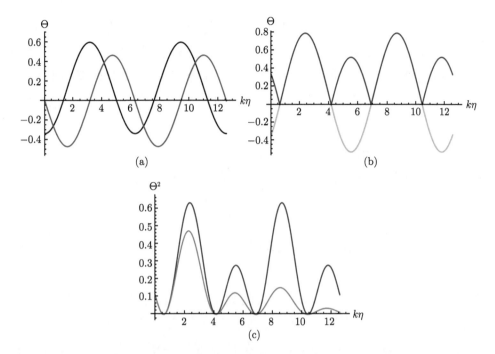

图 6.13 CMB 角功率谱的解析计算结果. 横坐标 $k\eta$ 可以看成多极矩 ℓ.
(a) 黑线表示密度扰动产生的温度扰动；红线表示速度扰动产生的温度扰动；
(b) 绿线表示密度 + 速度产生的温度总扰动；蓝线表示总的温度扰动的绝对
值；(c) 蓝线表示总的温度扰动的平方，即功率谱；灰线表示在蓝线的基础上
又加上了光子弥散效应.

6.2 角 功 率 谱

CMB 的温度场 $\hat{\Theta}(\theta, \varphi)$ 是二维球面上的一个高斯随机场，有两种
不同的刻画方法: 一种是直接刻画其在实空间中的统计分布特性，另一
种是刻画其多极矩在球谐空间中的统计分布特性. 二者具有如下转换
关系:

$$\hat{\Theta}(\boldsymbol{n}) = \sum_{\ell,m} \hat{a}_{\ell m} Y_{\ell m}(\boldsymbol{n}) , \tag{6.18}$$

通过球谐函数变换，方程 (6.18)，我们可以将实空间中的二维随机场
$\hat{\Theta}(\theta, \varphi)$ 转换为球谐空间中的一组随机量 $\{\hat{a}_{\ell m}\}$. 更为重要的是，二者

具有不同的统计性质. 实空间中不同的两个像素点处的温度涨落是具有相关性的，即 $\langle \hat{\Theta}(\boldsymbol{n})\hat{\Theta}(\boldsymbol{n}')\rangle = C(\cos\theta)$; 而球谐空间中的多极矩之间则是相互之间不相关的 $\langle \hat{a}_{\ell m}^* \hat{a}_{\ell' m'}\rangle = 0$. 实空间中的关联函数的信噪比低，但是物理图像清晰. 为直观起见，我们先从实空间的相关函数分析入手.

如第 2 章中的图2.2 所示，由于具有统计各向同性的对称性，天图的像素点之间的相关性会随着垂直于视线方向上的张角的大小而改变. 数学上，我们可以将其表达为

$$\langle \hat{\Theta}(\boldsymbol{n})\hat{\Theta}(\boldsymbol{n}')\rangle = \int \mathrm{d}\boldsymbol{n} \int \mathrm{d}\boldsymbol{n}' \hat{\Theta}(\boldsymbol{n})\hat{\Theta}(\boldsymbol{n}') = C(\boldsymbol{n} \cdot \boldsymbol{n}') = C(\cos\theta)\,, \quad (6.19)$$

统计各向同性的对称性反映在相关函数 C 上，表达为其只依赖于 θ 角，而不依赖于 φ 角. 如图6.14 所示，如果将围绕某像素一圈的各个点的温度值做分布直方图的话，那么该分布是以零为期望、$C(\cos\theta)$ 为方差的高斯分布. 总体上讲，θ 角越大相关性越低.

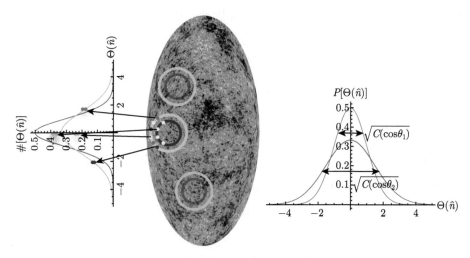

图 6.14　CMB 实空间的温度的概率分布.

另外一种计算温度扰动相关性的方式是在球谐空间.

$$\langle \hat{a}_{\ell m}^* \hat{a}_{\ell' m'} \rangle = C_\ell \delta_{\ell \ell'} \delta_{m m'} , \tag{6.20}$$

$$\hat{C}_\ell = \frac{1}{2\ell + 1} \sum_{m=-\ell}^{\ell} \hat{a}_{\ell m}^* \hat{a}_{\ell' m'} , \tag{6.21}$$

之所以有以上这些性质，是由于各个 $\hat{a}_{\ell m}$ 都相互独立，可以写为

$$\hat{a}_{\ell m} = \sqrt{C_\ell} \hat{g} , \tag{6.22}$$

其中 $\hat{g}$ 是一个期望值为零、方差为 1 的高斯随机量，如图6.15 所示. C_ℓ 与 $C(\cos\theta)$ 可以相互转换，

$$\langle \hat{\Theta}(\boldsymbol{n}) \hat{\Theta}(\boldsymbol{n}') \rangle_{\boldsymbol{n} \cdot \boldsymbol{n}' = \mu} = \sum_{\ell, \ell', m, m'} \langle \hat{a}_{\ell m}^* \hat{a}_{\ell' m'} \rangle Y_{\ell m}^*(\boldsymbol{n}) Y_{\ell' m'}(\boldsymbol{n}) , \tag{6.23}$$

$$= \sum_\ell C_\ell \sum_{m=-\ell}^{\ell} Y_{\ell m}^*(\boldsymbol{n}) Y_{\ell' m'}(\boldsymbol{n}) , \tag{6.24}$$

$$= \frac{1}{4\pi} \sum_\ell (2\ell + 1) C_\ell P_\ell(\mu) , \tag{6.25}$$

根据方程 (6.21)，我们可以得出 $\hat{C}_\ell$ 是一组随机数 $\{\hat{a}_{\ell m}\}$ 的平均值. 由于是有限项求和，所以 $\hat{C}_\ell$ 也具有随机性，尽管其随机性相较于 $\hat{a}_{\ell m}$ 而言要小. 那么，我们有

$$\langle \hat{C}_\ell \rangle = \bar{C}_\ell , \tag{6.26}$$

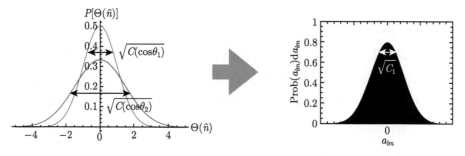

图 6.15　CMB 球谐空间中的多极矩的概率分布 [17].

这里为了说明等号右边是期望值的意思，我们加了 "¯" 以突出. 下面，我们推导 $\hat{C}_\ell$ 的方差.

$$\langle(\hat{C}_\ell - \bar{C}_\ell)^2\rangle = \langle\hat{C}_\ell^2\rangle - 2\bar{C}_\ell\langle\hat{C}_\ell\rangle + \bar{C}_\ell^2 \tag{6.27}$$

$$= \frac{1}{(2\ell+1)^2}\sum_{m,n}\langle\hat{a}_{\ell m}^*\hat{a}_{\ell m}\hat{a}_{\ell n}^*\hat{a}_{\ell n}\rangle - \bar{C}_\ell^2$$

$$= \frac{1}{(2\ell+1)^2}\sum_{m,n}\left[\overline{\langle\hat{a}_{\ell m}^*\hat{a}_{\ell m}\rangle}\,\overline{\langle\hat{a}_{\ell n}^*\hat{a}_{\ell n}\rangle} + \overline{\langle\hat{a}_{\ell m}^*\hat{a}_{\ell n}^*\rangle}\,\overline{\langle\hat{a}_{\ell m}\hat{a}_{\ell n}\rangle}\right.$$

$$\left. + \overline{\langle\hat{a}_{\ell m}^*\hat{a}_{\ell n}\rangle}\,\overline{\langle\hat{a}_{\ell n}^*\hat{a}_{\ell m}\rangle}\right] - \bar{C}_\ell^2$$

$$= \frac{1}{(2\ell+1)^2}\sum_{m,n}\left[\overline{\langle\hat{a}_{\ell m}^*\hat{a}_{\ell n}^*\rangle}\,\overline{\langle\hat{a}_{\ell m}\hat{a}_{\ell n}\rangle} + \overline{\langle\hat{a}_{\ell m}^*\hat{a}_{\ell n}\rangle}\,\overline{\langle\hat{a}_{\ell n}^*\hat{a}_{\ell m}\rangle}\right]$$

$$= \frac{1}{(2\ell+1)^2}\sum_{m,n}\left[\overline{\langle\hat{a}_{\ell m}^*\hat{a}_{\ell-n}\rangle}\,\overline{\langle\hat{a}_{\ell-m}^*\hat{a}_{\ell n}\rangle} + \overline{\langle\hat{a}_{\ell m}^*\hat{a}_{\ell n}\rangle}\,\overline{\langle\hat{a}_{\ell n}^*\hat{a}_{\ell m}\rangle}\right]$$

$$= \frac{1}{(2\ell+1)^2}\sum_{m,n}\left[\delta_{m,-n}C_\ell^2 + \delta_{mn}C_\ell^2\right]$$

$$= \frac{2}{(2\ell+1)}C_\ell^2, \tag{6.28}$$

上式推导过程的第三、四、五行我们利用了 Wick 收缩 (contraction) 定理. 方程 (6.28) 的结果被称作宇宙方差 (cosmic variance). 它的存在是由于天图上的 CMB 信号本身就是随机性的，它表征了 CMB 功率谱测量精度的上限.

图6.16是 Planck 卫星项目测量到的 CMB 的温度角功率谱，纵坐标 $d_\ell = \ell(\ell+1)C_\ell$. 之所以要乘上 ℓ^2 的因子，是由于宇宙膨胀 C_ℓ 本身按照 ℓ^{-2} 来降低. 通过测量 CMB 的温度角功率谱，我们可以推演以下宇宙学信息:

- ℓ 越大，角度越小;
- 第一峰的位置反映了空间拓扑性质;

- 第一峰的高度越高，重子物质比例越高 (重子物质越多，重子声学振荡效应就越大，光子温度扰动就越大);
- 第二、三峰的高度越低，暗物质比例越高;
- Silk 阻尼效应从第四峰开始显现.

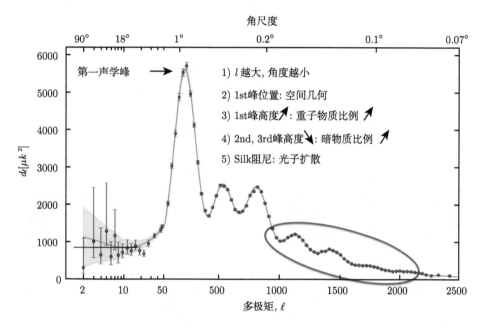

图 6.16 CMB 的温度角功率谱[12].

第6.1.1~6.1.4节是从实空间来讲述 CMB 各向异性形成的. 严格的计算还是要回到相空间的爱因斯坦–玻尔兹曼 (Einstein-Boltzmann) 方程. 该系统的各组分之间的关系如图6.17 所示.

对于非相对论性物质：其平均自由程比我们关心的尺度要小. 在我们所研究的尺度上，达到了热或动力学平衡. 所以，不关心其粒子属性，只研究其整体行为，采用流体力学的语言来描述. 对于相对论性物质：其平均自由程与我们关心的尺度相比差不多或更大，他们远未达到热或动力学平衡态. 这体现了其粒子属性，我们无法用少数的几个热力学或动力学量来描述，需要借助统计物理的方式来刻画，即相空间的配分函数. 配分函数 f 的刘维尔方程通过近似关系 (6.4) 转化为 $\Theta(\boldsymbol{x}, \hat{\boldsymbol{n}}, \eta)$ 的

方程，下面我们分以下几步来对其求解:①

- 对空间坐标 $\boldsymbol{x}$ 做 Fourier 变换，将 $\boldsymbol{x} \to \boldsymbol{k}$，得到 $\Theta(\boldsymbol{k}, \hat{\boldsymbol{n}}, \eta)$；

- 对立体角积分，$\Theta(k, \mu, \eta) = \displaystyle\int \mathrm{d}\Omega(\hat{\boldsymbol{n}})\Theta(\boldsymbol{k}, \hat{\boldsymbol{n}}, \eta)$, 其中 $\mu = \cos(\hat{\boldsymbol{k}} \cdot \hat{\boldsymbol{n}})$，这是因为 CMB 具有统计各向同性，不依赖于空间方位角 φ；

- 进行勒让德 (Legendre) 变换，$\Theta_\ell(k, \eta) = \displaystyle\int \mathrm{d}\mu\Theta(k, \mu, \eta)P_\ell(\mu)$；

- 对 k, η 积分得到 Θ_ℓ，进而得到功率谱 $C_\ell = \Theta_\ell^2$.

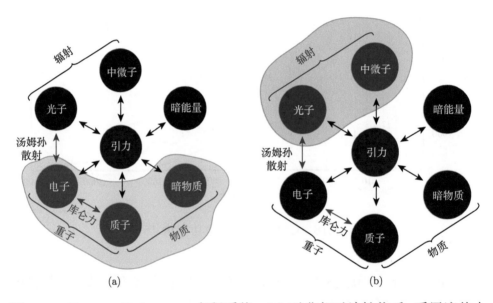

图 6.17　Einstein-Boltzmann 方程系统. (a) 对非相对论性物质, 采用流体力学的语言来描述；(b) 对相对论性物质，其平均自由程与我们关心的尺度相比差不多或更大，他们远未达到热或动力学平衡态，因此采用统计物理的方式来刻画[1].

---

① 文献中的 Einstein-Boltzmann 方程包，如 CAMB/https://camb.info 或 CLASS/ https://lesgourg.github.io/class_public/class.html，就是通过以下步骤来求解的.

6.3 次 级 效 应

CMB 光子在经历了最后一次散射之后，除了经受了引力的红移效应之外，其实还会在传播路径上产生次级效应.

6.3.1 CMB 透镜效应

首先，当 CMB 光子在路径上碰到了宇宙大尺度结构形成的物质高密度区，光路会发生偏折. 如图6.18 所示，θ_1 和 θ_2 两个方向的 CMB 信号其实是来源于同一个点，因此这两个方向的 CMB 信号会产生相关性. 这种相关性在原初 CMB 信号中是不存在的.

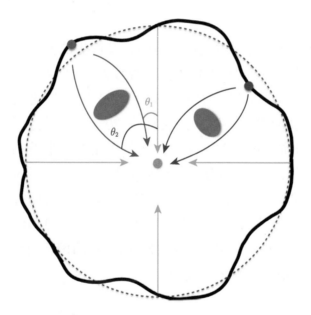

图 6.18 CMB 透镜效应示意图. 透镜效应会混合各个方向的光.

透镜效应在 CMB 温度谱上的效应如图6.19[①]所示，会从一定程度上抹平声学振荡效应. 这里 A_L 参数标志着 CMB 透镜的强度，对于 LCDM 模型 $A_L = 1$. $A_L = 0$ 表示没有透镜效应的情况.

[①] 摘自 Duncan Hanson 的报告.

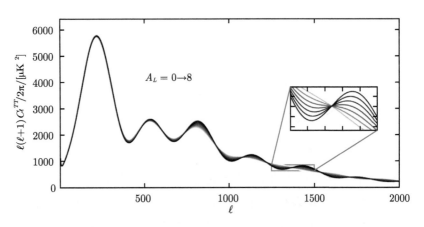

图 6.19   透镜效应会将温度各向异性功率谱的声学振荡效应在一定程度上
抹平.

CMB 透镜属于弱引力透镜的范畴，其产生的偏折角大小约为 2 角
分. 其计算思路如下：CMB 光子在沿视线方向的 14 Gpc 的光程中，大
约会经历 50 片 BAO 尺度 (宽度 300 Mpc) 这样的随机势阱 (图6.20)，
每个 BAO 尺度的引力势阱大约会产生 20 角秒的偏折角. 假设 50 片
BAO 尺度的势阱互不相关，那么总的偏折角的标准差 (即特征偏折角)
为 $\sqrt{50} \times 20$ 角秒 $\approx$ 2 角分. 通过后面章节讲述星系的强引力透镜现
象时，我们可以看出星系的强引力透镜现象产生的偏折角大约为几角
秒，因此 CMB 透镜的偏折角是相当大的. 这是由于 BAO 尺度的引力
势阱是相当深的. 再加之多次散射的效应，总的偏折角就很大了. 因此，
CMB 透镜效应是一个很强的效应.

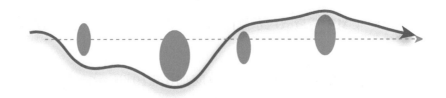

图 6.20   CMB 透镜效应产生的偏折角是沿视线方向积分的效应.

此外, 透镜效应还会将一部分的 E 模偏振信号转 45 度转换成 B 模偏振信号 (图6.21) [1], 被称作透镜 B 模. 这部分将会是测量原初引力波产生的原初 B 模的很强的干扰信号.

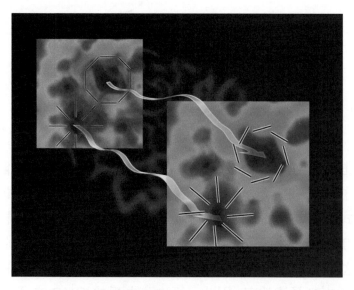

图 6.21　CMB 透镜效应会将一部分 E 模偏振转成 B 模偏振.

6.3.2　ISW 效应和再电离

当宇宙演化到红移大约 0.6 时, 宇宙进入到暗能量为主的加速膨胀阶段. 在第 5 章中, 我们讲过在物质为主时期, 在亚哈勃视界尺度上引力势阱是不随时间改变的. 这是由于局域的引力吸积与背景膨胀效应相抵消. 但是在暗能量为主时期, 前者不足以抵抗后者, 因此引力势阱的深度随着时间逐渐变浅. 光子落入势阱时的深度高于爬出势阱时的深度. 二者的差值提供了额外的光子温度涨落, 这被称之积分 Sachs-Wolfe(Integrated Sachs-Wolfe, ISW) 效应. 如图6.22 所示, ISW 效应在大尺度上起作用. 在小尺度上, 由于引力势阱宽度过窄, 光子在其中穿行的时间远小于势阱变浅的时标, 在该尺度上我们无法观测到该效应. 只有在超哈勃视界这样的尺度之上, ISW 效应才比较明显.

---

① 图片来自: APS/Alan Stonebraker. https://alanstonebraker.com.

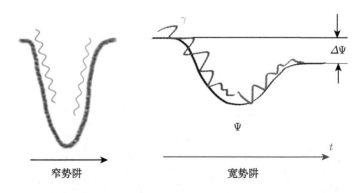

图 6.22　积分 Sachs-Wolfe 效应示意图.

当宇宙演化到红移大约 10 左右, 恒星相继被点燃, 恒星际介质 (主要是氢原子) 的温度会逐渐升高, 发生局域的再电离过程, 重新以等离子态的形式存在. 当 CMB 光子碰到这些重新被电离的自由电子时, 会重新进行 Thomson 散射效应, CMB 光子的温度趋于一致, 原初的信息被擦除. 这种光子大约占总的原初 CMB 光子的 10%. 我们采用再电离光深 τ 参数来刻画该效应. 因此, 再电离之后的 CMB 光子的温度涨落会被 e 指数压低, 写为 $e^{-\tau}\Theta$.

6.4　偏　　振

电磁波打到电子上引起电子振动, 该过程属于非相对论性运动, 因此电子的振动主要由电磁波的电场部分驱动, 磁场的洛伦兹力可以忽略不计. 因此, 在 CMB 物理过程当中, 我们只考虑电磁波的电场部分. 假设电磁波沿 z 轴传播, 那么电场分布在 (x, y) 平面上. 该平面上某瞬时的电场能量分布正比于电场强度的平方, 可以由 3 个自由度刻画, 如: x 方向的电场强度 E_x, y 方向的电场强度 E_y, E_x 与 E_y 的相位差. 由于我们实际上测量的是某个时间内积分的电场能量分布, 是一束而不是一列电磁波, 各个瞬时电磁波的电场指向可能会在 (x, y) 面内随机转动. 因此, 我们往往用 4 个斯托克斯 (Stokes) 参量 ($IQUV$) 来刻画一束电磁波的电场能量分布. 由于真正的自由度只有 3 个, 所以我们有

$I^2 = Q^2 + U^2 + V^2$. 如图6.23 所示, I 表示非偏振光强, $+Q$ 表示沿 x 轴的线偏振, $-Q$ 表示沿 y 轴的线偏振, $+U$ 表示沿右斜上的线偏振, $-U$ 表示沿左斜上的线偏振, V 表示圆偏振.

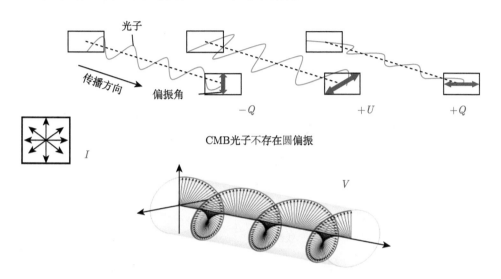

图 6.23 辐射的 Stokes 参量: $IQUV$. I 表示非偏振光强, QU 表示线偏振, V 表示圆偏振.

CMB 光子大部分为非偏振光, 大约有 5% 的为线偏振光. 其产生机制如图6.24所示, 只要有局域的物质密度四极矩, 即使入射光为非偏振光, 那么 Thomson 散射的出射光也会产生线偏振. 图中绿色小球所示的电子振动方向在 (x, y) 面内, 因此出射电磁波的振动方向与电子振动方向相同, 而垂直于振动面的入射模式 (平行于 z 轴的蓝线和红线) 则被吃掉.

如图6.25所示, 右侧热斑周围光子数目多, 左侧冷斑周围光子数目低, 光压产生从右至左的加速度. 图中棕色虚线表示流线. 对于图 6.25(a), 如果此时的流体速度是自右向左的, 由于流体压力的原因, 在黑色点的流元静止坐标系内感受到的是来自上下方向的光子流入, 左右方向的光子流出. 根据图6.24的原理, 对于垂直于纸面的观测者而言, 极化方向是径向的. 图 6.25(b) 的流体速度方向与图 6.25(a) 恰好相反, 在黑色点的流元静止坐标系内感受到的是来自上下方向的光子流出，左右方向的光子流入. 对于垂直于纸面的观测者而言，极化方向是切向的.

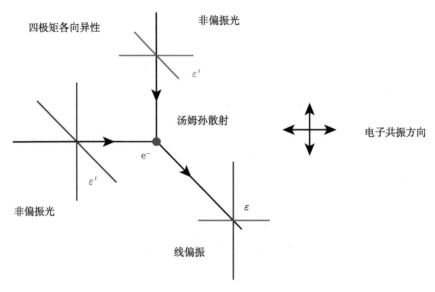

图 6.24   入射光为非偏振光，但温度具有局域四极矩各向异性，经过汤姆孙散射后，产生线偏振光[2].

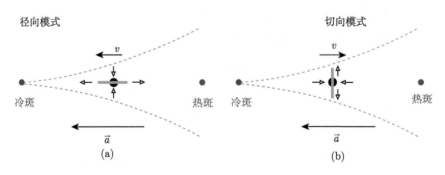

图 6.25   右侧热斑周围光子数目多，光压产生从右至左的加速度. 当流速方向与加速度方向相同时，产生径向极化；反向时产生切向偏振[18].

依据图6.25 所示的原理，我们可以很好地解释图6.26的极化模式. 对于热斑, 其对应于引力势阱, 光子向内流, 但是在最内圈光子压强超过引力加速度，因此总的加速度向外，产生最内圈的切向偏振模式. 对于冷斑，其对应于引力势垒，外部的光子流挤压着流体向势垒高处移动，在小尺度上光子压强仍然胜过引力加速度，所以总的加速度与流体速度方向相同，产生最内圈的径向偏振模式. 而在外圈，引力加速度超过光子压强，加速度方向反号，产生的偏振模式对调.

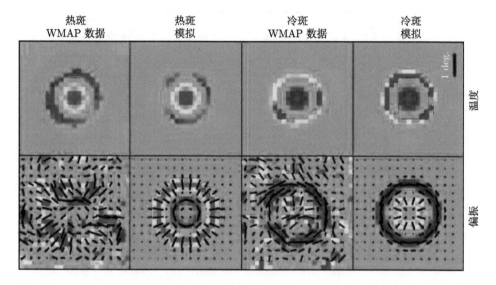

图 6.26　热斑与冷斑周围产生的切向以及径向极化模式 (WMAP 结果)[19].

由于 Q/U 本身是自旋为 2 的张量场的两个分量，其数值会随着极化平面上极角的转动相互转化，是坐标系依赖的. 为了计算方便，我们将 Q/U 重新线性组合为 E/B 模式，二者分别是转动的标量 (偶宇称) 和赝标量 (奇宇称)，是坐标系不依赖的.

$$E_{\ell m} + \mathrm{i}B_{\ell m} = \int \mathrm{d}\Omega \left[{}_2Y^*_{\ell m}(\hat{\boldsymbol{n}})(Q+\mathrm{i}U)(\hat{\boldsymbol{n}})\mathrm{e}^{\mathrm{i}\vec{k}\cdot\vec{x}} \right], \tag{6.29}$$

其中 ${}_2Y^*_{\ell m}(\hat{\boldsymbol{n}})$ 表示自旋为 2 的球谐函数.

对于密度 (标量) 扰动而言，其四极矩是由于热对流产生的，产生的是偶宇称的 E 模；由于引力波本身带有角动量，会使得局域线偏振方向旋转，所以由引力波 (张量) 扰动产生的线偏振会包含等量的 E 模和 B

模偏振. 图6.27显示了 CMB 的温度功率谱和 E 模功率谱，可以看到二者相差一个 $\pi/2$ 的相位. 这是由于温度扰动主要是从等离子体的物质密度扰动产生的，而 E 模偏振主要是由于等离子体的速度扰动产生的. 在第6.1.3节得出的结论是流体的速度场与其密度场相差一个 $\pi/2$ 的相位.

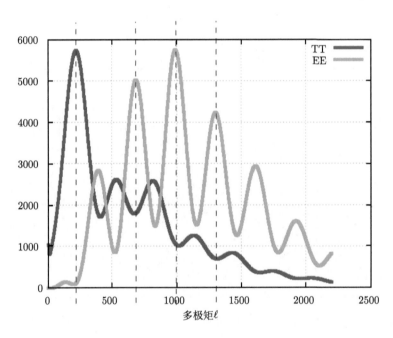

图 6.27　E 模偏振的角功率谱 (绿色) 与温度的角功率谱 (红色)，二者相差 $\pi/2$ 的相位因子. 前者反映流体速度场信息，后者反映流体密度场信息.

最后，我们简要介绍一下 CMB 的 B 模功率谱. 如图6.28 所示，C_ℓ^{BB} 包含三个成分，即再电离鼓包 (蓝线 $\ell < 10$)、原初引力波产生的峰 (蓝线 $\ell \approx 100$)、透镜 B 模 (绿线实线). 这其中原初引力波产生的峰是量子引力研究最为感兴趣的，但其振幅大小未知. 如图所示，当原初张标比 $r < 0.01$ 时，原初引力波产生的 B 模信号在全尺度上都比透镜 B 模要小，因此对于这种情况我们首先要在天图上扣除掉透镜 B 模的信号，这被称为"去透镜". 这对于未来的原初引力波探测是十分必要的.

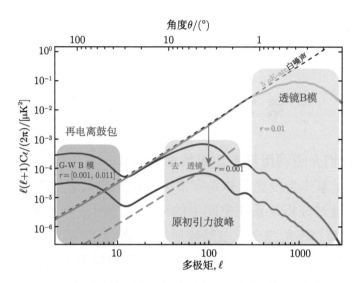

图 6.28　B 模功率谱 (C_ℓ^{BB}) 一共有三个成分：再电离鼓包 (蓝线 $\ell < 10$)，原初引力波产生的峰 (蓝线 $\ell \approx 100$)，透镜 B 模 (绿线实线). 两条蓝线分别代表原初张标比 $r = 0.01$ 和 $r = 0.001$ 的情况[20].

习　　题

- 下载并运行 CAMB/CLASS 等爱因斯坦–玻尔兹曼方程包.
- 下载并运行 healpix/healpy, 根据 CAMB/CLASS 产生的功率谱产生 TEB 天图.
- 推导透镜 B 模的表达式.
- 运行 CAMB/CLASS 并重复图6.27.

第 7 章　星系的成团性

本章我们介绍利用星系巡天数据来研究宇宙学的方法之一——星系成团性. 星系作为发光天体是宇宙大尺度结构或者说暗物质的良好示踪体. 我们通过分析星系在空间中的分布来了解暗物质的宏观性质. 但星系的空间分布不能完全反映暗物质的性质, 这是由于星系作为发光天体, 其电磁相互作用会影响到其形成历史和空间分布. 比如说, 对于矮星系而言, 一颗超新星的爆炸就可以将其解体. 因此, 二者不能完全等价, 从星系推测暗物质会存在偏差, 称作 bias. 这就如同通过冰山在海平面之上的部分来推测海平面之下的部分一样.

7.1　物质密度场的功率谱

星系巡天项目不同于观测单个天体源. 对于后者, 我们希望将其测量得越准确越好, 细节越全面越好; 而对于前者, 我们采取的方法类似于人口普查: 我们只记录每个星系的少数信息, 如光度、颜色 (或光谱)、位置、红移等. 这是由于星系的数目众多, 我们无法也没有必要全面地刻画每一个星系. 假设我们记录每一类型的星系, 最简单的我们可以只记录其红移和位置信息, 通过该类型的星系在空间中的数密度分布来推演宇宙演化规律, 这种测量称作星系计数. 在星系计数观测当中, 我们并非要刻画每个空间位置处准确的星系密度场 $\delta(\boldsymbol{x})$, 而只是想获知星系密度场的统计性质. 比如我们将三维空间格点化, 按照某种标号规则给格点标号; 每个格点上的密度场是一个随机量, 我们想要刻画的是这一组随机量 $\{\delta_1, \delta_2, \cdots, \delta_N\}$ 的概率分布:

$$\mathcal{P}(\delta_1, \delta_2, \cdots, \delta_N)\mathrm{d}\delta_1\mathrm{d}\delta_1\cdots\mathrm{d}\delta_N . \tag{7.1}$$

尽管我们将要求降低了，但这一任务依然是难以完成，这是由于概率分布函数 $\mathcal{P}(\delta_1, \delta_2, \cdots, \delta_N)$ 是一个自变量数目很大的函数，要完整地刻画它是十分困难的. 因而，我们需要继续降低期望，转而去求概率分布函数的各阶矩，

$$\langle \hat{\delta}_1^{\ell_1} \hat{\delta}_2^{\ell_2} \cdots \hat{\delta}_N^{\ell_N} \rangle = \int \delta_1^{\ell_1} \delta_2^{\ell_2} \cdots \delta_N^{\ell_N} \mathcal{P}(\delta_1, \delta_2, \cdots, \delta_N) \mathrm{d}\delta_1 \mathrm{d}\delta_1 \cdots \mathrm{d}\delta_N , \quad (7.2)$$

其中 $\ell_1, \cdots, \ell_N = 0, 1, 2, \cdots$. 同 CMB 信号一样，在实空间密度场具有某种尺度上的相关性，

$$\langle \hat{\delta}(\boldsymbol{x}) \rangle = 0 , \quad \xi(\boldsymbol{x}) = \langle \hat{\delta}(\boldsymbol{x}_i) \hat{\delta}(\boldsymbol{x}_j) \rangle = \frac{1}{V} \int \mathrm{d}V \, \hat{\xi}(\boldsymbol{x}_i, \boldsymbol{x}_j) , \quad (7.3)$$

其中 $\boldsymbol{x} = |\boldsymbol{x}_i - \boldsymbol{x}_j|$, $\hat{\xi}(\boldsymbol{x}_i, \boldsymbol{x}_j) \equiv \hat{\delta}(\boldsymbol{x}_i) \hat{\delta}(\boldsymbol{x}_j)$. 注意上式的最后一个等号，我们用到了系综平均值等于体积平均值这一假设. 在 Fourier 空间，线性尺度上，密度场的各个 $\boldsymbol{k}$ 模相互无关，

$$\langle \hat{\delta}(\boldsymbol{k}) \rangle = 0 , \quad P(\boldsymbol{k}) = V^{-1} \langle |\hat{\delta}(\boldsymbol{k})|^2 \rangle = \int \xi(\boldsymbol{x}) \mathrm{e}^{\mathrm{i}\boldsymbol{k} \cdot \boldsymbol{x}} \mathrm{d}^3 x . \quad (7.4)$$

需要注意的是，对于两个体积不同的巡天而言，二者都会包含某个比其巡天体积小的 $\boldsymbol{k}$ 模的信息，但是不同体积下所包含的该种 $\boldsymbol{k}$ 模的数目是不同的，因此所产生的 $\langle |\hat{\delta}(\boldsymbol{k})|^2 \rangle$ 大小是不同的. 体积越大，$\langle |\hat{\delta}(\boldsymbol{k})|^2 \rangle$ 越大. 为了保证功率谱 $P(\boldsymbol{k})$ 相同，我们需要除以巡天体积 V.

$$\langle \hat{\delta}(\boldsymbol{k}) \hat{\delta}^*(\boldsymbol{k}) \rangle = \int \mathrm{d}^3 x' \int \mathrm{d}^3 x \langle \hat{\delta}(\boldsymbol{x}) \hat{\delta}(\boldsymbol{x}') \rangle \mathrm{e}^{\mathrm{i}\boldsymbol{k} \cdot \boldsymbol{x}} \mathrm{e}^{-\mathrm{i}\boldsymbol{k} \cdot \boldsymbol{x}'} , \quad (7.5)$$

$$= \int \mathrm{d}^3 x' \int \mathrm{d}^3 x \, \xi(\boldsymbol{y}) \, \mathrm{e}^{\mathrm{i}\boldsymbol{k} \cdot \boldsymbol{y}} , \quad \boldsymbol{y} = \boldsymbol{x} - \boldsymbol{x}' , \quad (7.6)$$

$$= V \int \mathrm{d}^3 y \, \xi(\boldsymbol{y}) \, \mathrm{e}^{\mathrm{i}\boldsymbol{k} \cdot \boldsymbol{y}} , \quad (7.7)$$

其中最后一个等号我们用到了：对于固定的 $\boldsymbol{x}'$ 而言，$\mathrm{d}^3 y = \mathrm{d}^3 x$.

下面我们来介绍一下多维高斯型 (multivariant Gaussian) 的概率分布，该分布是宇宙学统计分析中最常见的. 例如，在实空间的概率分布可以写为

$$\mathcal{P}(\delta_1,\cdots,\delta_N) = \frac{\exp\left\{-\dfrac{1}{2}\displaystyle\sum_{i,j}\delta_i\left(\mathbb{C}^{-1}\right)_{ij}\delta_j\right\}}{\left[(2\pi)^N\det|\mathbb{C}|\right]^{1/2}}, \tag{7.8}$$

其中矩阵 $\mathbb{C}_{ij}=\langle\hat{\delta}_i\hat{\delta}_j\rangle$ 被称作协方差矩阵，其刻画的是实空间中的任何两点之间的相关性. 这里，我们可以看到概率函数 $\mathcal{P}(\delta_1,\cdots,\delta_N)$ 完全由协方差矩阵来刻画. 但是，对于高维矩阵求逆等价于高维积分，因此分子中的 $\mathbb{C}^{-1}$ 是计算的难点.

对于 Fourier 空间中的随机场

$$\hat{\delta}_{\boldsymbol{k}} = \hat{A}_{\boldsymbol{k}} + \mathrm{i}\hat{B}_{\boldsymbol{k}} = |\hat{\delta}_{\boldsymbol{k}}|\mathrm{e}^{\mathrm{i}\hat{\varphi}_{\boldsymbol{k}}}, \tag{7.9}$$

我们既可以将其表达为实部和虚部，也可以表达为振幅和相位. 为了保证实空间的物质密度场为实数，我们需要有 $\hat{A}_{\boldsymbol{k}}=\hat{A}_{-\boldsymbol{k}}$，$\hat{B}_{\boldsymbol{k}}=-\hat{B}_{-\boldsymbol{k}}$，二者都满足 Fourier 空间中的功率谱，

$$\langle\hat{A}(\boldsymbol{k})\hat{A}^*(\boldsymbol{k}')\rangle = \langle\hat{B}(\boldsymbol{k})\hat{B}^*(\boldsymbol{k}')\rangle = \frac{1}{2}P(\boldsymbol{k})\delta_{\boldsymbol{k}\boldsymbol{k}'}, \quad \langle\hat{A}(\boldsymbol{k})\hat{B}^*(\boldsymbol{k}')\rangle = 0, \tag{7.10}$$

Fourier 空间中，实部的概率分布函数可以写为

$$\mathcal{P}(A_{\boldsymbol{k}_1},\cdots,A_{\boldsymbol{k}_N}) = \prod_{i=1}^{N}\left\{\frac{1}{[\pi P(\boldsymbol{k}_i)]^{1/2}}\exp\left[-\frac{A_{\boldsymbol{k}_i}^2}{P(\boldsymbol{k}_i)}\right]\right\}, \tag{7.11}$$

对于虚部也可以表达成相同的形式. 我们可以看出，不同于实空间的概率分布函数，Fourier 空间中的概率分布函数是变量可分离的，即协方差矩阵是对角的，这为计算带来了极大的简化. 而对于振幅变量其概率分布与实部 (虚部) 的分布也很类似，二者的功率谱只相差一个系数 2，

$$\mathcal{P}(|\hat{\delta}|_{\boldsymbol{k}_1}, \cdots, |\hat{\delta}|_{\boldsymbol{k}_N}) = \prod_{i=1}^{N} \left\{ \frac{1}{[2\pi P(\boldsymbol{k}_i)]^{1/2}} \exp\left[-\frac{|\hat{\delta}|^2_{\boldsymbol{k}_i}}{2P(\boldsymbol{k}_i)} \right] \right\}. \tag{7.12}$$

对于高斯随机场其实部与虚部是不相关的, 这意味着相位是一个 $(0, 2\pi)$ 上的平均分布. 这里需要强调的是, 功率谱不能完全代表天图的信息. 这是由于, 功率谱中不体现相位信息, 而天图中相位则是极为重要的.

7.2　重子声学振荡

本节的主要目标是推导星系功率谱, 即方程 (7.13)

$$P_{gal}(\boldsymbol{k}) = P_{\mathrm{ini}}(k) T^2(k) D^2(a) \left[b^2(a) + f\mu^2 \right]^2, \tag{7.13}$$

其中 $P_{\mathrm{ini}}(k)$ 表示原初功率谱, $T(k)$ 表示转移函数, $D(a)$ 表示增长函数, $b(a)$ 表示线性偏袒因子 (linear bias), $f = \mathrm{d}\log D/\mathrm{d}\log a$ 表示物质增长率 (growth rate), μ 表示视线方向 $\hat{n}$ 与平面波的波矢 $\boldsymbol{k}$ 夹角的余弦. 我们可以看到, 除了中括号中的第二项之外, 其他的项都只依赖于波数的模长, 代表各向同性的重子声学振荡效应, 这是本节介绍的重点. 中括号中的第二项则与方向相关, 代表各向异性的红移畸变效应, 我们将在下一节介绍.

首先, 原初功率谱和增长函数我们已经分别在第 4 章和第 3 章中介绍过了, 这里不再赘述. 转移函数 $T(k)$ 的引入是由于在计算物质功率谱时, 我们往往不是从辐射为主时期开始积分, 而是在 $z \approx 100$ 起开始积分. 此时, 有许多 k 模已经开始进入视界进行动力学的演化, 因此各个模式的初始振幅并非暴胀时期产生的近标度不变的初始条件, 如图7.1中紫色虚线所示. 转移函数就是用来刻画这种紫色虚线所示的初始条件与原初功率谱的差别. 更确切地说, 转移函数刻画的是物质密度扰动的各个 k 模, 从辐射为主时期到物质为主时期的某个时刻, 例如, 紫色虚线所示时刻的积分. 不同 k 模在这段时间内的扰动演化大相径庭, 如: 在 "物质—辐射相等时期" 之前进入视界开始演化的 k 模, δ_m 按

照 a^{-2} 衰减; 而在这一时期始终处于超视界尺度的模式其振幅基本保持不变.

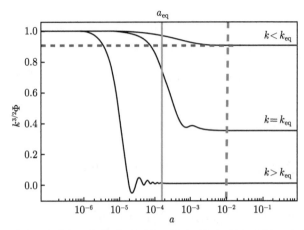

图 7.1　转移函数用来刻画紫色虚线所示的初始条件与原初功率谱的差别 [1].

实空间的星系关联函数是通过计算星表 (catalog) 中的星系对的数目来实现的,

$$1 + \xi(r) = \frac{\langle \hat{D}\hat{D} \rangle_r}{\langle \hat{R}\hat{R} \rangle_r} , \tag{7.14}$$

其中 $\hat{D}$ 表示数据 (data), $\hat{R}$ 表示没有成团性的随机噪声产生的星表 (catalog)①. 下角标 r 表示星系对的间距. 如图7.2 所示, 这里计算的是与原点处的星系配对的壳层内的星系数目, 然后再遍历全部星表就可以了.

下面, 我们利用图7.3简述一下重子声学振荡的形成原理. 首先, 我们在初始时刻, 将各个物质组分放置在原点处, 形成一个 δ 函数形式的高密度区, 然后令宇宙开始膨胀, 各个物质组分由于速度不同, 在膨胀背景中出现各自的演化行为. 如图 7.3(a) 所示, 在 $z = 2000$ 时, 此时宇宙还没有开始再复合, 重子–光子在 Thomson 散射的作用下, 形成统一的等离子体 (蓝线–绿线重合), 其速度等于 $1/\sqrt{3}(1+R)$, 图中蓝线的峰

---

① 这里是将白噪声放入宇宙膨胀背景中产生的.

代表着向外扩张的重子–光子等离子体的高密度环. 而中微子由于其退耦时间很早, 退耦后其速度就等于光速, 因此其扩散得最为迅速. 由于此时的温度比带质量中微子的静止质量大很多, 带质量中微子可以看成无质量中微子 (橙线–紫线重合). 而暗物质作为非相对论性物质, 其局域速度为零, 仅有一个跟随背景膨胀的速度, 因此红线的物质密度分布范围最窄. 如图 7.3(b) 所示, 在 $z = 1000$ 时, 此时刚发生过再复合, 光子与重子退耦, 光子的速度变成了光速, 开始了自由传播; 而脱离了光子的重子物质, 变为了非相对论物质, 速度降到了零. 如图 7.3(c) 所示, 在 $z = 500$ 时, 重子物质的空间位置基本不发生变化, 局域在共动距离 150 Mpc 处, 只是振幅逐渐增加, 由第 3 章我们可以知道密度增长函数, $D(a) = a$. 此时, 我们可以看出带质量中微子和无质量中微子的些许差别; 而光子则很快地散布在了全空间, 局域物质密度变得很低. 如图 7.3(d) 所示, 在 $z = 50$ 时, 光子和无质量中微子的物质密度已经很低了, 可以忽略不计; 暗物质逐渐被重子物质形成的势阱所吸引并逐渐聚集过来, 带质量中微子的行为跟暗物质类似, 差别只是带质量中微子的速度弥散很大, 不易成团. 如图 7.3(e) 所示, 在 $z = 0$ 时, 重子声学振荡已经明显形成了, 带质量中微子的物质密度不均匀性也越来越高.

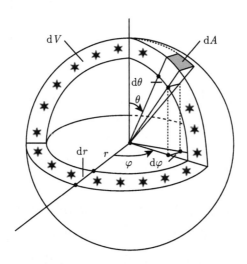

图 7.2 通过计数星系对来计算实空间的星系关联函数.

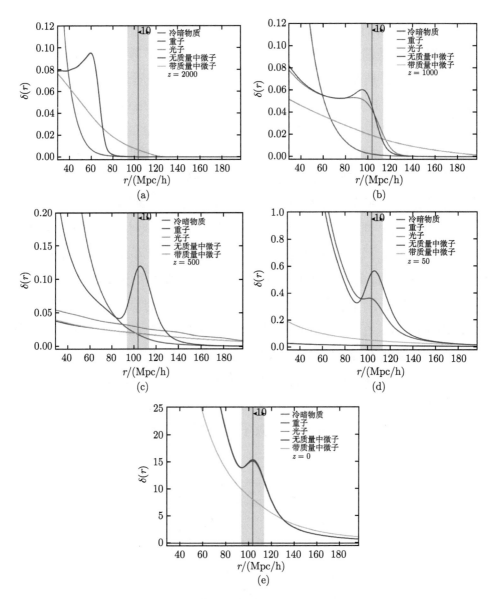

图 7.3　重子声学振荡的形成原理.

图7.4显示了相对论性物质的 CMB 角功率谱和非相对论性物质的功率谱 $[P(k) = \langle |\hat{\delta}_m(k)|^2 \rangle]$ 的比较. 文献中也经常会出现无量纲的物质功率谱 $\Delta_k^2 = k^3 P(k)$. 如图 7.4(a) 所示，红线代表了只有暗物质没有重子物质的功率谱，绿线表示包含了重子物质的功率谱. 可以看到，在左

侧大尺度区域，$P(k) \propto k$; 在右侧小尺度区域，$P(k) \propto k^{-3} \log^2(k/k_{eq})$. 首先，我们说 7.4(a) 图中出现的 $k=0.02h\ \mathrm{Mpc}^{-1}$ 的峰，反映了在"物质—辐射相等"时刻进入视界的共动波数 (k_{eq}) 的大小. 对左侧 $k < k_{eq}$(在"物质—辐射相等"时刻未进入哈勃视界的大尺度模式)，由第 5 章的内容我们知道，超视界尺度上的牛顿势守恒，由图5.1我们可以知道超视界尺度上的 $\Phi \propto k^{-3/2}$，由 Poisson 方程 $-k^2\Phi \propto \delta_m$，我们有 $\delta_m(k) \propto k^{1/2}$，因此有 $\delta_m^2 \propto k$, 这与我们的数值结果是相符的. 而右侧 $k > k_{eq}$ 反映的是在辐射为主时期进入哈勃视界的扰动. 由第 5 章的内容我们知道，如方程 (5.12) 或图5.2(a) 子图的橘色方框所示，该扰动模式按照 a^{-2} 衰减.

$$\left\langle \hat{\delta}_m^2(k) \right\rangle = T^2(k)\delta_{\mathrm{ini}}^2(k) \ , \quad \delta_{\mathrm{ini}}(k) \propto k^{1/2} \ , \quad T(k) = \frac{a_{eq}^{-2}}{a_*^{-2}} \ , \tag{7.15}$$

由左侧的超视界尺度模式我们有, $\delta_{\mathrm{ini}}(k) \propto k^{1/2}$. 转移函数中的 a_* 表示 k 模在进入哈勃视界时的标度因子的值，

$$a_* H = k \ , \quad a(t) \propto t^{1/2}\ @\mathrm{RD} \ , \quad H(t) \propto a^{-2} \ , \to a_* \propto k^{-1} \ , \tag{7.16}$$

因此，我们有

$$\left\langle \hat{\delta}_m^2(k) \right\rangle \propto \left(a_{eq}^{-2} a_*^2 \right)^2 \delta_{\mathrm{ini}}^2(k) = a_{eq}^{-4} \cdot k^{-4} \cdot k = a_{eq}^{-4} \cdot k^{-3} \ . \tag{7.17}$$

这样，我们就解析地给出了功率谱左侧 $\propto k$, 右侧 $\propto k^{-3}$ 的行为[①].

为了突出在图 7.4(a) 中绿线的振荡效应，在图 7.4(c) 中，我们画了绿线和红线的比值. 可以看出，在大尺度上比值为 1，在小尺度上体现出重子的振荡行为. 为了解释物质功率谱上的振荡与 CMB 的声学振荡效应具有相同的起源，在图 7.4(b) 中，我们重新标度了 CMB 的温度角功率谱，$k = \ell/\chi$，其中 χ 为再复合时期到现在的共动距离. 将图 7.4(b) 和图 7.4(c) 的横坐标对齐后，我们不难发现，二者的前三个声学峰具有完全相同的振荡相位.

---

① 这里，我们没有解释右侧的 $\log^2(k/k_{eq})$ 的行为. 这一项是与物质在辐射为主时期的 $\log a$ 增长率相关的.

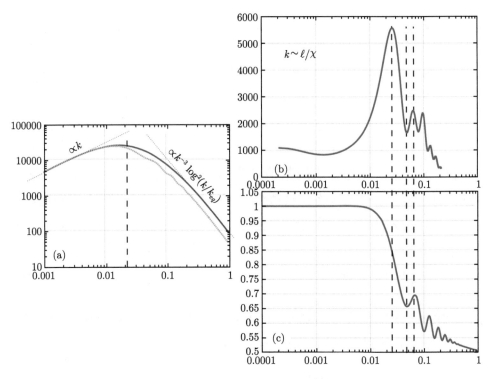

图 7.4 CMB 角功率谱与物质功率谱的比较.

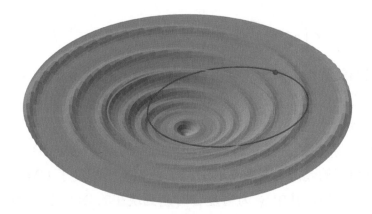

图 7.5 星系在暗物质的引力势阱中的运动, 像是在巨大势阱中的测试小球 (小球不会带来引力场明显的改变). 小球的速度抵抗向心力, 因此星系的速度场忠实地反映引力场.

最后，我们介绍一下星系的偏袒因子 (bias). 我们知道，星系的形成历史中，引力是十分重要的相互作用，但并非唯一重要的，其他的，如恒星元素丰度演化、黑洞吸积喷流、流体力学的激波加热、多体系统的力学或是热学弛豫过程等. 这些效应都会很大程度上影响星系的演化以及其在空间中的分布，产生了星系分布与暗物质分布的偏斜，即计算星系功率谱所用的星系密度场与物质密度场，二者之间有如下关系，$\delta_g = b * \delta_m$. 但是，如前面所述，读者不难想象星系的偏袒因子是很难精确计算的. 好在，星系的速度场则几乎是物质密度场的一个无偏示踪者. 其背后的物理含义，如图7.5 所示，星系在所有重子物质中只占大约 10%，更多的重子物质是以热气体形式或其他低面亮度的形式存在，而重子物质相比于暗物质又是次重要的. 这两方面使得星系在暗物质的引力势阱中的运动，像是在巨大势阱中的测试小球 (小球不会带来引力场明显的改变). 小球的速度抵抗向心力，因此星系的速度场忠实地反映引力场. 由于星系速度场具有如此好的性质，所以下一节我们介绍利用红移畸变效应探测星系速度场的方法.

7.3 红移畸变

上一节讲到，星系的速度场是暗物质无偏的失踪者，这里我们所说的速度场是本动速度. 但是，我们观测到的速度场则是本动速度和哈勃流产生的共动速度混合的加和.

$$v_{\text{obs}} = v_{\text{true}} + v_{\text{pec}} \text{ , 其中 } v_{\text{true}} = Hd \text{ ,} \qquad (7.18)$$

由于对于单个星系，我们无法区分两种速度；加之对于高红移的星系而言，第一项的共动退行速度比第二项本动速度要大. 因此，我们就将 v_{obs} 当作共动速度去估计红移，

$$z_{\text{obs}} = z_{\text{true}} + \frac{\hat{\boldsymbol{n}} \cdot \boldsymbol{v}_{\text{pec}}}{c} \text{ ,} \qquad (7.19)$$

我们这里假设退行速度与红移的简单线性关系 $v_{\text{recession}} \approx cz$. 这种近似对于低红移星系是成立的，但是对于高红移星系表达式则更为复杂. 由

于这里我们只想定性地解释原理，所以这里的处理不严格.

图7.6[1]中的红色斑块代表引力势阱或势垒，黑点代表星系，Hubble流是自下而上的. 局域的势阱或势垒是球对称的，但是由于观测者无法区分背景的退行速度和本动速度，所以对于无穷远观测者估计出来的红移，跟真实红移会有差别，这种效应称之为红移畸变效应 (RSD). 左侧浅黄色区域显示的是由于引力加速下落产生的速度，红色区域中的各个点上的这种类型的速度是成协的，被称作 Kaiser 效应. 而绿色区域中的速度则是力学平衡系统中无规则的速度 (可以类比于分子的热运动速度)，红色区域中的各个点上的这种类型的速度是随机的，被称作FoG(Finger of God) 效应.

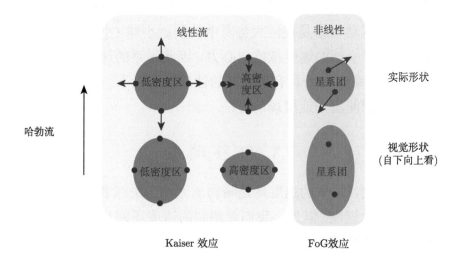

图 7.6　图中的红色斑块代表引力势阱或势垒，黑点代表星系，Hubble 流是自下而上的. 局域的势阱或势垒是球对称的，但是由于观测者无法区分背景的退行速度和本动速度，所以对于无穷远观测者估计出来的红移，跟真实红移会有差别.

首先，我们先来解释 Kaiser 效应. 以暗物质的高密度区为例 (图 7.6 中黄色区域的右边两幅图)，在球对称的引力势阱中，上下左右四个星

———————————
① 图片来自于 Percival 的报告 [4].

系具有相同的向内的引力下落速度，由于 Hubble 流的速度是指向上方的，所以对于上面的星系其观测到的速度是两个速度绝对值相减，由此估算出来的红移比真实红移要低；对于下面的星系，情况恰好相反，通过观测到的速度推算出来的红移比真实的红移要高；而对左右两个星系，本动速度垂直于退行速度，视线方向上的速度分量保持不变，因此通过观测到的视线上的速度推算出来的红移恰好等于真实红移. 综合上面的这四个星系的红移分布，我们可以推算出，观测到的物质高密度区的形状是上下扁的椭球形. 对于低密度区，情况恰好相反，形状是上下被拉长的椭球.Kaiser 效应相较于下面要介绍的 FoG 效应，反映的是线性扰动区的速度场，该速度场在暗晕尺度上是成协的.

当空间尺度继续缩小，引力的非线性效应逐渐加强，此时星系"分子"在多体作用下达到随机的力学平衡. 为了抵抗引力，星系需要保持较大的向外的速度而不是线性区域的引力下落，因此该效应产生表观上高密度区域沿视线方向的拉长 (如图7.7绿色区域所示).

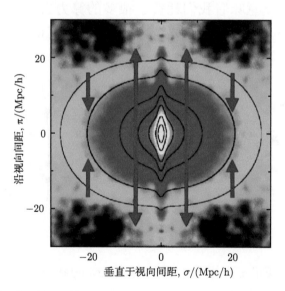

图 7.7 真实观测中所显示的 RSD 效应. 图中的热力图表示星系功率谱的大小，红色表示大，绿色表示小. 我们可以看到，对于高密度区，大尺度上沿视线被压扁，反映了 Kaiser 效应；小尺度上沿视线被拉长，反映了 FoG 效应[21].

下面, 我们将介绍一下 RSD 效应的数学推导. 首先, 我们来介绍流体力学描述的欧拉 (Euler) 坐标系和拉格朗日 (Lagrangian) 坐标系 (如图7.8 所示), 其中前者的网格不随时间改变, 而后者的网格随着暗物质粒子运动. 前面几章中, 我们介绍的流体密度场 $\delta(t, \boldsymbol{x})$、速度场 $\boldsymbol{v}(t, \boldsymbol{x})$ 等概念都可以看作是 Euler 坐标系下对流体的刻画. 而 Lagrangian 坐标系则是流体的随动坐标系. 如图7.8中右侧子图所示, 我们可以在 Lagriangian 坐标系下的每一个格点上都附上一个暗物质粒子, 格点随着暗物质粒子一起运动. 在此坐标系下, 我们刻画的不再是流体的密度场这类的物理量, 而是某个流元的运动轨迹 $\boldsymbol{x}'(t)$. 本节中, 我们用没有打 "′" 的坐标代表 Euler 坐标系, 打 "′" 的坐标代表 Lagrangian 坐标系. 数学上两个坐标系是完全等价的. 但是对于非线性物质密度分布的计算中, Lagrangian 坐标系则有着明显的优势. 这是由于, 如果我们用同一大小的格点去铺满全空间, 那么为了保证对于高密度区的解析精度, 我们需要计算的格点数目就非常大. 而这些格点中, 大部分格点 (低密度区) 上的赋值为零. 这就意味着我们耗费了很多的算力去计算了一堆零. 这种情况下, Lagrangian 坐标系则要精巧得多, 其运算量正比于粒子的数目.

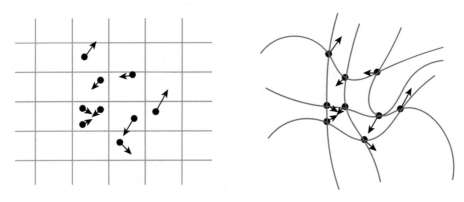

图 7.8　Euler 坐标系 (左侧) 与 Lagrangian 坐标系 (右侧).

下面, 我们来推导 Euler 坐标系和 Lagrangian 坐标系的变换规则. 首先, 我们从 Euler 坐标系下的密度场出发,

$$\rho(t, \boldsymbol{x}) = \bar{\rho}(t)(1 + \delta(t, \boldsymbol{x})) \,, \tag{7.20}$$

其中等号左边代表着非均匀的密度场，右边 $\bar{\rho}(t)$ 代表宇宙平均的密度场. 考虑 Lagrangian 坐标系下的局域质量守恒

$$\bar{\rho}(t)(1 + \delta(t, \boldsymbol{x}))\mathrm{d}^3 x = \bar{\rho}(t)\mathrm{d}^3 x' \,, \tag{7.21}$$

$$1 + \delta(t, \boldsymbol{x}) = \left| \frac{\partial x'_i}{\partial x_j} \right| \,, \tag{7.22}$$

其中方程 (7.22) 等号右边代表着两个坐标系变换的雅可比 (Jacobi) 矩阵的行列式. 下面，我们来求解这个微分方程. 为了简便起见，我们以 2×2 的矩阵来计算，

$$1 + \delta = \begin{vmatrix} \partial_1 x'_1 & \partial_2 x'_1 \\ \partial_1 x'_2 & \partial_2 x'_2 \end{vmatrix} = \partial_1 x'_1 \cdot \partial_2 x'_2 - \partial_2 x'_1 \cdot \partial_1 x'_2 \,, \tag{7.23}$$

设 $x'_1 = x_1 + \delta x_1$, $x'_2 = x_2 + \delta x_2$, 其中 $|\delta\boldsymbol{x}| \ll |\boldsymbol{x}|$. 于是，我们有

$$\partial_1 x'_1 \cdot \partial_2 x'_2 = 1 + \partial_1(\delta x_1) + \partial_2(\delta x_2) + \partial_1(\delta x_1)\partial_2(\delta x_2) \,, \tag{7.24}$$

$$\partial_2 x'_1 \cdot \partial_1 x'_2 = \partial_1(\delta x_2)\partial_2(\delta x_1) \,, \tag{7.25}$$

将上式保留到一阶，我们得到

$$\delta = \partial_i \cdot \delta x_i \,, \quad \delta x_i = \partial_i \zeta + \hat{\xi}_i \,, \tag{7.26}$$

其中我们这里将 δx_i 分解为标量和矢量, 这里我们只考虑标量扰动 (ζ). 于是我们有

$$\partial^2 \zeta = \delta \,, \quad \rightarrow \zeta = \frac{1}{\partial^2}\delta \,, \tag{7.27}$$

最终

$$x'_i = x_i + \frac{\partial_i}{\partial^2}\delta \,. \tag{7.28}$$

由局域体元的质量守恒得

$$\rho(\boldsymbol{x})\mathrm{d}\boldsymbol{x} = \bar{\rho}\mathrm{d}\boldsymbol{x}' \,, \tag{7.29}$$

于是有

$$\rho(\boldsymbol{x}) = \bar{\rho} \left| \frac{\partial \boldsymbol{x}}{\partial \boldsymbol{x'}} \right|^{-1} = \frac{\bar{\rho}}{\left| \delta_{ij} - D(t)\Psi_{ij} \right|} \,, \tag{7.30}$$

其中

$$\Psi_{ij} = \frac{\partial^2 \Phi(t, \boldsymbol{x'})}{\partial^2 \partial x'_i \partial x'_j} \approx \frac{\partial^2 \Phi(t, \boldsymbol{x})}{\partial^2 \partial x_i \partial x_j} \,. \tag{7.31}$$

这里 Ψ_{ij} 被称作潮汐张量, 是一个 $3{\times}3$ 的矩阵. 它有三个本征值, 记作 $(\lambda_1, \lambda_2, \lambda_3)$, 将其对角化后, 我们可得

$$\rho(\boldsymbol{x}) = \frac{\bar{\rho}}{(1 - D\lambda_1)(1 - D\lambda_2)(1 - D\lambda_3)} \,, \tag{7.32}$$

如果约定 $(\lambda_1 > \lambda_2 > \lambda_3)$, 那么 $(\lambda_1, \lambda_2, \lambda_3)$ 则分别表示一个具有三轴椭球对称的物质密度分布区域中的最短轴、次短轴和最长轴. 那么, 这个区域中的物质先沿着最短轴坍缩, 再沿着次短轴坍缩, 最后沿着最长轴坍缩. 公式 (7.32) 仿佛表达的意思是三个轴坍缩的速率都是 D, 这个三轴椭球的形状或是轴比在坍缩过程中不发生变化. 其实不然, 这是由于上面这个解没有考虑坍缩动力学, 只是利用线性微扰论进行外插所致. 真实的物理图像是, 刚开始时, 物质密度偏离球对称很小, 潮汐力也很弱, 但是弱的潮汐力在长时标的积累下, 逐渐改变了三轴椭球的形状, 轴比开始变得偏离球对称越来越远, 产生了前述的三个主轴依次坍缩的物理过程.

假设 LCDM, 我们有空间标度无关的增长函数, $\delta(t, \boldsymbol{x}) = \delta(t_{\mathrm{ini}}, \boldsymbol{x})D(t)$. 在线性尺度上, 后期的物质密度非均匀性完全来自于初始时刻. 于是有

$$x'_i = x_i + D(t) \frac{\partial_i}{\partial^2} \delta(t_{\mathrm{ini}}, \boldsymbol{x}) \,. \tag{7.33}$$

该过程被称作 Zeldovich 近似. 在该近似下, 物质粒子运动轨迹为直线 (速度大小会随着时间改变, 但是方向不变). 只有当超越线性微扰论的时候, 物质粒子的轨迹才有可能变弯曲. 引入物质增长率

$$f(t) = \frac{\mathrm{d}\log D}{\mathrm{d}\log a} \approx \Omega_m^{0.55}(a) \,, \tag{7.34}$$

其中，约等号表示是 LCDM 的近似解. Euler 坐标系下的线性流体速度场，满足线性的流体速度守恒方程

$$\dot{\delta}(t,\boldsymbol{x}) + \boldsymbol{\partial} \cdot \boldsymbol{v}_{\mathrm{pec}} = 0 \,, \tag{7.35}$$

因此有

$$\boldsymbol{v}_{\mathrm{pec}}(t,\boldsymbol{x}) = -\frac{\boldsymbol{\partial}\dot{\delta}(t,\boldsymbol{x})}{\partial^2} = -H(t)f(t) \cdot D(t)\frac{\boldsymbol{\partial}}{\partial^2}\delta(t_{\mathrm{ini}},\boldsymbol{x}) \,, \tag{7.36}$$

如图7.9 所示，

$$\boldsymbol{v}_{\mathrm{obs}} = Hd_{\mathrm{true}}\hat{\boldsymbol{n}} + (\hat{\boldsymbol{n}} \cdot \boldsymbol{v}_{\mathrm{pec}})\hat{\boldsymbol{n}} \,, \tag{7.37}$$

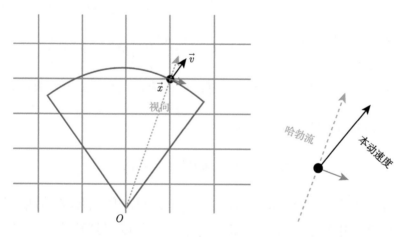

图 7.9　本动速度在视线方向上的投影效应产生了红移畸变.

其中 d_{true} 表示星系真实的距离，$\hat{\boldsymbol{n}}$ 表示视线方向. 于是，我们有

$$\boldsymbol{s} = \boldsymbol{x} + \frac{\hat{\boldsymbol{n}} \cdot \boldsymbol{v}_{\mathrm{pec}}}{H}\hat{\boldsymbol{n}} \,, \tag{7.38}$$

其中我们采用了简写 $\boldsymbol{x} = d_{\text{true}}\hat{\boldsymbol{n}}$ 以及哈勃定律 $\boldsymbol{v}_{\text{obs}} = H\boldsymbol{s}$. 方程 (7.38) 表达了红移空间与真实空间的坐标差别, 这两个空间中刻画的物质密度场由于局域体元质量的守恒, 我们有

$$\rho(\boldsymbol{x})\mathrm{d}\boldsymbol{x} = \rho(\boldsymbol{s})\mathrm{d}\boldsymbol{s} \ , \tag{7.39}$$

$$\bar{\rho}(1 + \delta^x(\boldsymbol{x}))\mathrm{d}\boldsymbol{x} = \bar{\rho}(1 + \delta^s(\boldsymbol{s}))\mathrm{d}\boldsymbol{s} \ , \tag{7.40}$$

$$\delta^s(t, \boldsymbol{s}) = \frac{1 + \delta^x(t, \boldsymbol{x}) - |J|}{|J|} \ , \quad |J| = \left| \frac{\partial s^i}{\partial x^j} \right| \ . \tag{7.41}$$

将方程 (7.36) 代入到方程 (7.38) 中得

$$\boldsymbol{s} = \boldsymbol{x} - f(t)D(t)\frac{\hat{\boldsymbol{n}} \cdot \boldsymbol{\partial}}{\partial^2}\delta(t_{\text{ini}}, \boldsymbol{x})\hat{\boldsymbol{n}} \ , \tag{7.42}$$

$$\boldsymbol{s} = \boldsymbol{x} - f(t)D(t)\frac{\mathrm{i}(\hat{\boldsymbol{n}} \cdot \boldsymbol{k})}{-k^2}\delta(t_{\text{ini}}, \boldsymbol{k})\hat{\boldsymbol{n}} \ , \tag{7.43}$$

其中第二行, 我们转到了 Fourier 空间中. 于是, 我们有 Jacobi 矩阵

$$J = \left\{ \frac{\partial s^i}{\partial x^j} \right\} = \left\{ \delta_{ij} - f(t)D(t)\frac{\mathrm{i}(\hat{\boldsymbol{n}} \cdot \boldsymbol{k})}{-k^2}(\mathrm{i}k_j)\delta(t_{\text{ini}}, \boldsymbol{k})\hat{n}_i \right\} \ , \tag{7.44}$$

$$|J| = 1 - f\mu^2 D\delta(t_{\text{ini}}, \boldsymbol{k}) = 1 - f\mu^2\delta^x(t, \boldsymbol{k}) \ , \quad \mu = \cos(\hat{\boldsymbol{n}} \cdot \boldsymbol{k}) \ , \tag{7.45}$$

将上式代入方程 (7.41), 我们可得

$$\delta^s(t, \boldsymbol{k}) = \delta^x(t, \boldsymbol{k})(1 + f\mu^2) \ , \tag{7.46}$$

该结果显示本动速度效应 ($\theta = f\delta$) 产生了红移空间密度场的四极矩分布, 即 μ^2 项. 引入速度势 $\theta = \boldsymbol{\partial} \cdot \boldsymbol{v}_{\text{pec}}$, 我们可以将红移空间中的密度场写为

$$\delta_g^s = \delta_g + \mu^2\theta \ , \tag{7.47}$$

于是红移空间的星系功率谱可以写为

$$P_g^s(k, \mu) = \left\langle \left| \delta_g + \mu^2\theta \right|^2 \right\rangle \ , \tag{7.48}$$

$$= P_{gg}(k) + 2\mu^2 P_{g\theta}(k) + \mu^4 P_{\theta\theta}(k) \,, \tag{7.49}$$

可以看出, 红移空间中的星系功率谱依赖于两个自变量 (k, μ). 但是, 实际数据处理过程中, 我们仍旧喜欢依照一维数据来分析. 因此, 我们进行 Legendre 多项式展开

$$\Delta_{gg}^2(k, \mu) = \frac{k^3 P_{gg}(k, \mu)}{2\pi^2} = \sum_\ell \Delta_\ell^2(k) L_\ell(\mu) \,, \tag{7.50}$$

$$\xi(k, \mu) = \sum_\ell \xi_\ell(r) L_\ell(\mu) \,, \quad \xi_\ell(r) = i^\ell \int \frac{dk}{k} \Delta_\ell^2(k) j_\ell(kr) \,, \tag{7.51}$$

这里 $\Delta_\ell^2(k)$ 和 $\xi_\ell(r)$ 就是通常我们要测量的功率谱或相关函数, $\ell = 0, 2, 4$ 分别表示 0 极矩, 4 极矩和 16 极矩. 其中 BAO 测量对应于各向同性的 0 极矩; RSD 对应于 4 极矩和 16 极矩. 随着极矩阶数的升高, 信号也越来越弱.

除了 RSD 效应会产生表观上的对于球对称的偏离之外, Alcock-Paczynski (AP) 效应也会产生类似效果. 如图7.10 所示, 其原理如下: 假设图中右侧显示的是一个球对称分布的星系团, 我们测量其形状, 沿视线方向上, 我们测量 a、b 两个星系的红移, 根据假定的宇宙学来计算视线方向的尺度; 垂直于视线方向, 我们测量 c、d 两个星系张开的角度, 根据这个星系团中心到我们的距离来计算垂直于视线方向的尺度. 由此可见, 平行和垂直于视线方向上的尺度是两个独立测量. 如果二者

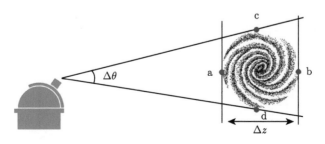

图 7.10　AP 效应: 平行于视线方向和垂直于视线方向分别是两个独立测量.

有其中之一测量有误的话，那么本来是球对称的星系团看上去就会变成椭球.

习　　题

- 运行 CAMB/CLASS，重复图7.4.
- 运行 CAMB/CLASS，根据其生成的物质功率谱，产生一个 $10° \times 10°$ 方天区上的物质密度场.
- 根据方程 (7.51)，根据 $P(k)$ 计算 $\xi_\ell(r)$.

第 8 章　引力透镜

当光子在经过大质量天体周围时，光子的路径会发生偏折. 几何光学近似下的引力透镜系统如图8.1 所示，其中

$$\boldsymbol{\beta} = \boldsymbol{\theta} - \boldsymbol{\alpha}(\boldsymbol{\theta}) \tag{8.1}$$

被称作透镜方程，是透镜系统的主方程. 该方程看似简单，实则复杂度极高，主要在于 $\boldsymbol{\alpha}$ 对 $\boldsymbol{\theta}$ 的非线性依赖关系.

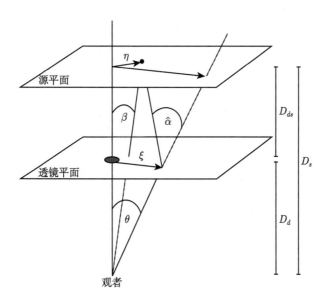

图 8.1　几何光学近似下的透镜偏折角之间的关系 [22]：$\boldsymbol{\eta} = \dfrac{D_s}{D_d}\boldsymbol{\xi} - D_{ds}\hat{\boldsymbol{\alpha}}(\boldsymbol{\xi})$ $\boldsymbol{\eta} = D_s\boldsymbol{\beta}$ $\boldsymbol{\xi} = D_d\boldsymbol{\theta}$ $\boldsymbol{\beta} = \boldsymbol{\theta} - \boldsymbol{\alpha}(\boldsymbol{\theta})$，其中 $\boldsymbol{\alpha}(\boldsymbol{\theta}) = \dfrac{D_{ds}}{D_s}\hat{\boldsymbol{\alpha}}(D_d\boldsymbol{\theta})$.

透镜系统中，另外一个重要的特点是：源平面上的一个区域的面积与该区域投影到透镜平面上 (也称作像平面) 后的面积是不同的. 后者会

变大，产生透镜的放大效应. 质量为 M 的点质量产生的透镜的偏折角

$$\hat{\boldsymbol{\alpha}} = \frac{4GM}{c^2\xi} = \frac{2R_s}{\xi} ,\tag{8.2}$$

其中 R_s 表示 Schwarzschild 半径，ξ 为透镜系统的靶参数. 而对于一个具有空间延展性的质量分布而言，其所形成的偏折角为

$$\hat{\boldsymbol{\alpha}} = \frac{4G}{c^2} \int \mathrm{d}^2\xi' \int \mathrm{d}r_3'\rho(\xi_1', \xi_2', r_3')\frac{\boldsymbol{\xi} - \boldsymbol{\xi}'}{|\boldsymbol{\xi} - \boldsymbol{\xi}'|^2} ,\tag{8.3}$$

$$= \frac{4G}{c^2} \int \mathrm{d}^2\xi'\Sigma(\boldsymbol{\xi}')\frac{\boldsymbol{\xi} - \boldsymbol{\xi}'}{|\boldsymbol{\xi} - \boldsymbol{\xi}'|^2} ,\tag{8.4}$$

其中 $\Sigma(\boldsymbol{\xi}')$ 表示沿视线方向积分后的质量面密度. 这样压平了的物质密度分布，被称作薄透镜假设，如图8.2 所示.

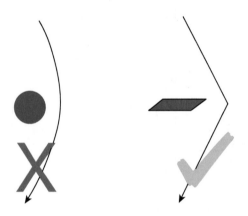

图 8.2　薄透镜假设.

　　本章中，我们将分强引力透镜和弱引力透镜来讲述其宇宙学应用. 二者的区分主要在于前者产生多像，后者不能. 实际上，引力透镜不止可以分成这两类. 比如，对于透镜天体为星系的强引力透镜系统，当源的空间延展的尺寸比单颗恒星作为透镜体的爱因斯坦半径尺寸差不多或者小的时候，微引力透镜效应会产生可观测效应. 由于篇幅的限制，本书中我们不介绍微引力透镜效应.

8.1 强引力透镜

当源在像平面上位于透镜体的爱因斯坦半径之内时, 透镜效应会产生多像. 我们将其称之为强引力透镜效应.

8.1.1 点质量模型

首先考虑点质量透镜体的情况, 根据上面的介绍我们将偏折角方程 (8.2) 代入到透镜方程 (8.1) 中. 利用 $\xi = D_d\theta$, 可得

$$\beta = \theta - \frac{4GM}{c^2 D_d \theta} \frac{D_{ds}}{D_s} \,, \tag{8.5}$$

可见

$$\beta = \theta - \frac{\theta_E}{\theta} \,, \quad \theta_E = \sqrt{\frac{4GM}{c^2} \frac{D_{ds}}{D_d D_s}} \,, \tag{8.6}$$

这里 θ_E 就是前述的爱因斯坦半径. 进而我们引入用 θ_E 归一化后的像平面 $x = \theta/\theta_E$ 和源平面的坐标 $y = \beta/\theta_E$, 透镜方程化为

$$y = x - \frac{1}{x} \,, \tag{8.7}$$

上式可写为一个一元二次方程

$$x^2 - yx - 1 = 0 \,, \tag{8.8}$$

我们不难看出, 上式有解

$$x = \frac{1}{2}\Big[y \pm \sqrt{y^2 + 4}\Big] \,, \tag{8.9}$$

由此, 我们可以得出结论: 对于点透镜的情况, 无论源在何处, 总会有两个像. 而对于透镜体为星系的强透镜系统, 不难发现特征的爱因斯坦半径大小为 1 角秒 (1″) 左右,

$$\theta_E \approx 1'' \left(\frac{M}{10^{12} M_\odot}\right)^{1/2} \left(\frac{D}{\mathrm{Gpc}}\right)^{-1/2} \,. \tag{8.10}$$

8.1.2   等温奇异球模型

下面我们进一步考察一个具有空间延展度的、可以完全解析求解的透镜模型——等温奇异球 (spherical isothermal sphere, SIS) 模型

$$\rho(r) = \frac{\sigma_v^2}{2\pi G r} , \tag{8.11}$$

其中 σ_v 为这个球对称系统中粒子的速度弥散, "等温" 是指的这里的速度弥散为一常数. 前述我们定义的透镜面密度可以写为

$$\Sigma(\xi) = \frac{2\sigma_v^2}{2\pi G} \int_0^\infty \frac{\mathrm{d}z}{\xi^2 + z^2} , \tag{8.12}$$

$$= \frac{\sigma_v^2}{2G\xi} . \tag{8.13}$$

不难推导, 该系统下的透镜方程可以写为

$$y = x - \frac{x}{|x|} , \tag{8.14}$$

当 $y < 1$ 时, 该方程有两个解 $x_+ = y + 1$ 和 $x_- = y - 1$, 对应该系统的两个像. 二者的空间间隔为一个爱因斯坦半径. 当 $y > 1$ 时, 只有一个解, 对应于弱引力透镜区域. 当我们将球对称推广至椭球对称时, 如等温奇异椭球 (SIE), 我们会发现此时的系统会出现四个像. 此外, 本书中我们只考虑源为点源的情况, 不考虑源的有限尺寸效应. 如果考虑源的尺寸的话, 在 SIE 模型中, 我们会观测到爱因斯坦环和透镜圆弧. 文献中, 如果源是星系的话 (星系是尺寸不可以忽略的, 是展源而非点源), 常用的光度模型是 Sersic 轮廓,

$$I(r) = I_0 \exp\left(-\left(\frac{r}{\alpha}\right)^{1/n}\right) . \tag{8.15}$$

8.1.3   焦散线, 临界曲线和 "质量屏" 简并

引力透镜效应不改变光子的表面亮度, 我们看到的透镜放大效应是由于像平面相对于源平面的面积增大所致. 放大率 $\mu = \mathrm{d}F_{\mathrm{obs}}/\mathrm{d}F_{\mathrm{intrinsic}}$

$= \mathrm{d}\Omega_{\mathrm{obs}}/\mathrm{d}\Omega_{\mathrm{intrinsic}}$, 其中 $\mathrm{d}F$ 表示流量强度, 于是有

$$\mu(\theta) = \frac{1}{\det\mathcal{A}(\theta)} \ , \quad \mathcal{A}_{ij} = \frac{\partial\beta_i}{\partial\theta_j} \ , \tag{8.16}$$

其中 $\mathcal{A}$ 表示像平面坐标 $\boldsymbol{\theta}$ 与源平面坐标 $\boldsymbol{\beta}$ 的 Jacobi 矩阵. 当 $\det\mathcal{A} = 0$ 时, 放大率无穷大, 这些区域在像平面上对应于临界曲线, 在源平面上对应于焦散线.

通过图8.3我们可以看出, 当源穿过内部的焦散线时 (绿色圆圈), 产生的是沿切向拉伸的像; 当源穿过外部焦散线时 (紫色圆圈), 产生的是沿径向拉伸的像. 因此, 我们将内侧的焦散线称作切向焦散线, 外侧的焦散线称作径向焦散线.

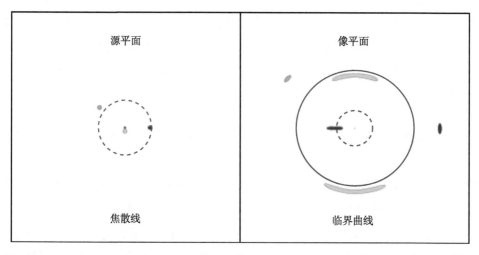

图 8.3 SIS 模型下的焦散线和临界曲线. 左侧图中心处的点所示的焦散线对应于右侧图外圈红色实线的临界曲线; 左侧图外圈的紫色虚线所示的焦散线对应于右侧图内圈红色虚线的临界曲线[7].

如果我们对方程 (8.16) 做常系数的重标度

$$\mathcal{A} \to \mathcal{A}' = \lambda\mathcal{A} \ , \tag{8.17}$$

Jacobi 行列式的重标度对应着源平面的面积与像平面的面积的重标度, 该操作不会改变像的形状 (即椭率). 面积的变化是与透镜会聚 (lensing convergence) 相关的

$$1 - \kappa' = \lambda(1 - \kappa) , \rightarrow \kappa' = 1 - \lambda + \lambda\kappa , \tag{8.18}$$

上式表示我们对原来的收敛场 (convergence field) 做一个重标度 $\lambda\kappa(\boldsymbol{\theta})$ 后, 再增加一个常系数的收敛, $1 - \lambda$. 根据泊松 (Poisson) 方程, 常系数的收敛对应着常系数的物质密度. 因此, 增加一个常系数的收敛对应着在视线方向上增加一个常数面密度的 "质量屏 (mass sheet)"[①]. 方程 (8.18) 的操作不会引起透镜图像的几何位置的任何变化, 因此被称为 "质量屏" 简并 (mass-sheet degeneracy). 根据方程 (8.17), 我们可以得知重标度之后的透镜系统的放大率不同于之前的放大率, $\mu' = \mu/\lambda^2$. 但是对于星系而言, 由于我们无法获知星系本身的亮度, 因此这个重标度效应不具备可观测效应[②]. 另外, 由于强引力透镜复像之间存在光程差会导致光子到达时间上的延迟, 该时间延迟是跟复像的几何构型以及引力势相关的

$$\tau(\boldsymbol{\theta}, \boldsymbol{\beta}) = \frac{1}{2}(\boldsymbol{\theta} - \boldsymbol{\beta})^2 - \psi(\boldsymbol{\theta}) , \rightarrow \Delta\tau' = (1 - \lambda)\Delta\tau , \tag{8.19}$$

由上式可知, "质量屏" 简并效应会改变复像的时间延迟, 这对于强透镜类星体或强透镜超新星等时域信号的测量是十分重要的.

此外, 透镜体质量模型与透镜系统周围的外部剪切场具有简并性. 如图 8.4 所示, 左右两种不同的透镜模型对应着完全相同的像. 左侧图代表椭圆透镜体; 右侧图代表圆形透镜体加外部剪切场.

---

① 视线方向上的其他大尺度结构压扁后的贡献.

② 对于 SNIa 这种有确定亮度的系统, 我们原则上可以获知放大率信息. 从而破除 "质量屏" 简并.

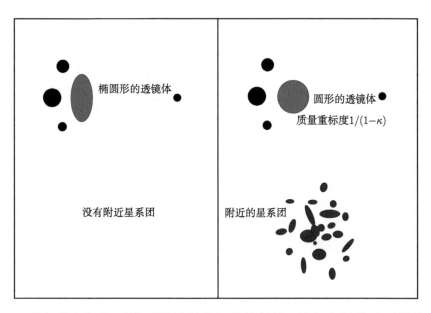

图 8.4 外部剪切场与透镜质量模型之间的简并性. 浅灰色的代表透镜体，黑色的代表透镜系统的四个像. 右侧子图深灰色的代表与透镜体相同红移处的一个星系团，左侧图代表椭圆透镜体；右侧图代表圆形透镜体 + 外部剪切场. 二者产生的透镜图像完全一样. [24]

8.2 弱引力透镜

当源和透镜体在垂直于视线方向上偏离比较远时，透镜效应不会产生复像，仅是产生对于星系原本形状的扭曲，这种效应称为弱引力透镜效应. 当透镜体为大尺度结构时，该信号也被称为宇宙剪切场. 本节我们将讨论这种情况.

考虑距观测者的共动距离为 χ 的 A 点处的星系发出一束光，假设该束光在共动距离 χ' 处受到引力透镜拉拽产生光路偏折. 根据图8.5 所示的几何投影关系，我们可知

$$\theta = \beta + \hat{\alpha}\frac{\chi - \chi'}{\chi} , \tag{8.20}$$

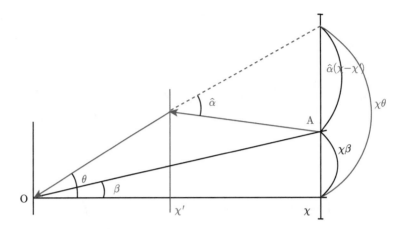

图 8.5   弱引力透镜系统中垂直于视线方向的各个尺度的投影关系.

由于我们有

$$\kappa(\boldsymbol{\theta},\chi,\chi') = \boldsymbol{\nabla}_{\boldsymbol{\theta}} \cdot \boldsymbol{\alpha}(\chi'\boldsymbol{\theta}) = \frac{\chi-\chi'}{\chi}\boldsymbol{\nabla}_{\boldsymbol{\theta}} \cdot \hat{\boldsymbol{\alpha}}(\chi'\boldsymbol{\theta}) = \frac{(\chi-\chi')\chi'}{\chi}\boldsymbol{\nabla}_{\boldsymbol{x}} \cdot \hat{\boldsymbol{\alpha}}(\chi'\boldsymbol{\theta})\,,$$

$$(8.21)$$

借助于下面的方程

$$\hat{\boldsymbol{\alpha}}(\chi'\boldsymbol{\theta}) = \boldsymbol{\nabla}_{\boldsymbol{x}}\Phi\,,\quad \nabla_{\boldsymbol{x}}^2\Phi = 4\pi G\bar{\rho}a^2\delta(\boldsymbol{x})\,,\quad \boldsymbol{x} = \chi'\boldsymbol{\theta}\,, \qquad (8.22)$$

我们可以得

$$\kappa(\boldsymbol{\theta},\chi,\chi') \propto \frac{(\chi-\chi')\chi'}{\chi}\delta(\chi',\chi'\boldsymbol{\theta})\,, \qquad (8.23)$$

这里 $\kappa(\boldsymbol{\theta},\chi,\chi')$ 是图8.5 所示构型下产生的收敛. 考虑到透镜面 χ' 可能分布于 $(0,\chi)$ 的范围内，那么经过这些透镜面积分后的收敛场可以写为

$$\kappa(\boldsymbol{\theta},\chi) = \int_0^\chi \mathrm{d}\chi'\,\kappa(\boldsymbol{\theta},\chi,\chi') = \int_0^\chi \mathrm{d}\chi'\,\frac{(\chi-\chi')\chi'}{\chi}\delta(\chi',\chi'\boldsymbol{\theta})\,. \quad (8.24)$$

令 $\mathrm{d}(\chi-\chi')\chi'/\mathrm{d}\chi' = 0$ 可以求得透镜效率最高的位置为 $\chi' = \chi/2$，即透镜安放在半路上时，透镜效率最高. 而实际上，我们光测到的光子可

能来自于各个红移，因此我们需要对 χ 按照星系的红移分布 $n(z)$ 进行积分，

$$\kappa(\boldsymbol{\theta}) = \int_0^{\chi_{\mathrm{lim}}} \mathrm{d}\chi\, n(\chi)\kappa(\boldsymbol{\theta},\chi)\,, \tag{8.25}$$

$$= \int_0^{\chi_{\mathrm{lim}}} \mathrm{d}\chi \int_0^{\chi} \mathrm{d}\chi'\, n(\chi)\frac{(\chi-\chi')\chi'}{\chi}\delta(\chi',\chi'\boldsymbol{\theta})\,. \tag{8.26}$$

$$= \int_0^{\chi_{\mathrm{lim}}} \mathrm{d}\chi' \int_{\chi'}^{\chi_{\mathrm{lim}}} \mathrm{d}\chi\, n(\chi)\frac{(\chi-\chi')\chi'}{\chi}\delta(\chi',\chi'\boldsymbol{\theta})\,. \tag{8.27}$$

$$= \int_0^{\chi_{\mathrm{lim}}} \mathrm{d}\chi'\, \chi'\delta(\chi',\chi'\boldsymbol{\theta}) \int_{\chi'}^{\chi_{\mathrm{lim}}} \mathrm{d}\chi\, n(\chi)\frac{(\chi-\chi')}{\chi}\,. \tag{8.28}$$

$$= \int_0^{\chi_{\mathrm{lim}}} \mathrm{d}\chi'\, \chi'\delta(\chi',\chi'\boldsymbol{\theta})g(\chi'), g(\chi') = \int_{\chi'}^{\chi_{\mathrm{lim}}} \mathrm{d}\chi\, n(\chi)\frac{(\chi-\chi')}{\chi}\,, \tag{8.29}$$

$$= \int_0^{\chi_{\mathrm{lim}}} \mathrm{d}\chi\, \chi\delta(\chi,\chi\boldsymbol{\theta})g(\chi)\,. \tag{8.30}$$

这里方程 (8.29) 中的 $g(\chi)$ 被称作透镜效率 (lensing efficiency). 为了定义透镜效率, 方程 (8.26) 的积分顺序原本如图8.6的上图所示; 我们改变积分顺序, 如图 8.6 的下图所示, 方程化为 (8.27) 的形式.

除了透镜会聚之外, 另一个常用的量是二维的透镜势 (lensing potential). 我们可以将其表达为

$$\psi(\boldsymbol{\theta},\chi) = \frac{2}{c^2} \int_0^{\chi} \mathrm{d}\chi'\frac{\chi-\chi'}{\chi\chi'}\Phi(\chi'\boldsymbol{\theta},\chi')\,, \tag{8.31}$$

于是 Jacobi 矩阵可写为

$$\mathcal{A} = \begin{pmatrix} 1-\kappa-\gamma_1 & -\gamma_2 \\ -\gamma_2 & 1-\kappa+\gamma_1 \end{pmatrix}\,, \tag{8.32}$$

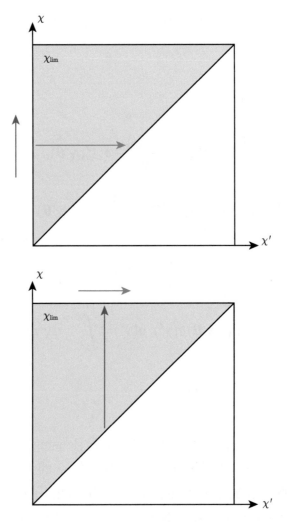

图 8.6　方程 (8.26) 的积分顺序如上图所示; 我们改变积分顺序，如下图所示，
方程化为 (8.27) 的形式.

其中 $\kappa = \psi_{,11} + \psi_{,22}$, $\gamma_1 = \psi_{,11} - \psi_{,22}$, $\gamma_2 = \psi_{,12}$. 可以看出，收敛场和剪切场都是透镜势的二阶空间导数. 由方程 (8.23) 可以得出，收敛场正比于密度场. 星系的弱引力透镜测量是通过对星系额外椭率的测量来反演宇宙密度场，因而在线性阶存在 γ 和 κ 的相关性，被称作 Kaiser-Squires 求逆方法，

$$\gamma(\boldsymbol{\ell}) = \frac{\ell_1^2 - \ell_2^2 + 2\mathrm{i}\ell_1\ell_2}{|\boldsymbol{\ell}|^2}\kappa(\boldsymbol{\ell}) . \tag{8.33}$$

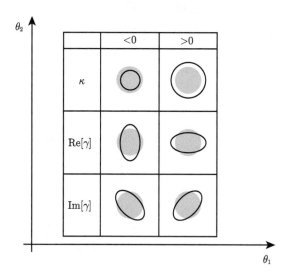

图 8.7　弱引力透镜分析中常用到的收敛场和剪切场. 我们可以将 κ 当作 Jacobi 矩阵本征值中最大的, γ 当作次大的本征值. κ 不改变形状只改变面积, γ 既改变形状也改变面积.

通过图8.7, 我们可以看到 κ 不改变源的形状, 但是会放大或缩小源的面积; 而 γ 则会拉伸源的形状. 值得注意的是, γ 也会改变源的面积, 只不过其面积改变的大小不如 κ 显著. 我们可以引入一个直接与星系的椭率测量相关的量, 约化剪切场

$$g = \frac{\gamma}{1-\kappa} , \quad |g| = \frac{1 - b/a}{1 + b/a} , \tag{8.34}$$

其中 a, b 为星系的半长轴和半短轴. 截止到这里, 我们计算的剪切量都是由于弱引力透镜效应产生的. 但实际上, 星系本身的形状就是椭圆的; 而且星系本身的椭率是宇宙学剪切 (cosmic shear) 信号本身的大约 10 倍. 因此, 如果不能很好地扣除掉星系的内禀椭率, 我们是无从测量宇宙学剪切信号的. 幸好, 星系的内禀椭率方向在宇宙学尺度上是随

机的；而宇宙学剪切产生的剪切则会使很多星系产生成协的 (coherent) 剪切形变. 图8.8中的上图是没有宇宙学剪切的情况下星系椭率的分布；下图是有宇宙学剪切的情况. 通过右侧的子图，我们很明显地可以看出，宇宙学剪切信号会使星系的整体椭率产生一个系统性的移动.

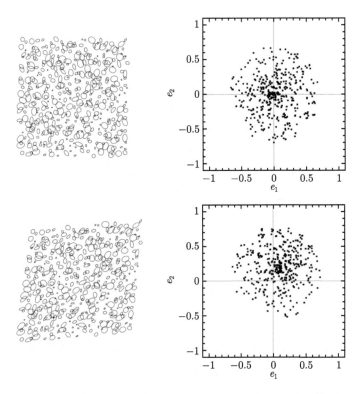

图 8.8　星系的内禀椭率方向是随机的；而宇宙学剪切产生的剪切是会使很多星系产生成协的剪切形变. 上图是没有宇宙学剪切的情况下星系椭率的分布；下图是有宇宙学剪切的情况 [9].

此外，放大率在弱引力透镜系统里可以表示为

$$\mu = \det \mathcal{A}^{-1} = [(1-\kappa)^2 - \gamma^2]^{-1} . \tag{8.35}$$

如图8.9 所示 [1]，图中橘色的椭圆代表亮度高的星系，其亮度可以达

———————————
① 图片来自 A. Feild / STScI / NASA / ESA.

到望远镜的极限星等; 而源平面上虚线的椭圆则代表暗弱的星系, 观测上无法达到望远镜的极限星等. 但如果这些暗弱星系被透镜放大的话, 那么这些星系则有可能超过望远镜的极限星等. 这就是引力透镜的放大效应. 可以说引力透镜本身就是一个天然的望远镜, 我们可以用它来观测遥远的暗弱天体. 实际上, 我们往往可以利用星系团 (其引力质量大, 可以产生上千倍的放大率) 来观测高红移星系. 这类观测在哈勃太空望远镜以及继任者韦布太空望远镜的观测项目中已经成为极其重要的研究课题. 此外, 对于像 SNIa 超新星①这样的有几乎固定内禀亮度的天体而言, 我们对其的强引透镜观测除了可以获得收敛场和剪切场的测量之外, 我们还可以获得其放大率场 (magnification field).

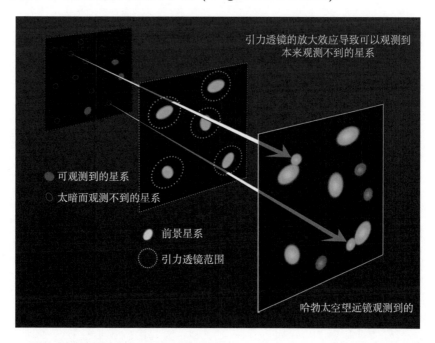

图 8.9 图中橘色的椭圆代表亮度高的星系, 其亮度可以达到望远镜的极限星等; 而源平面上虚线的椭圆则代表暗弱的星系, 观测上无法达到望远镜的极限星等. 但如果这些暗弱星系被透镜放大的话, 那么这些星系则有可能超过望远镜的极限星等. 但是该效应主要是在强引力透镜区域比较显著.

---

① 星系由于不具备固定的内禀光度, 所以不能用来测量放大率.

习 题

- 下载并运行 visilens，重复图8.3.
- 推导等温奇异椭球的爱因斯坦半径和透镜方程，并求解.
- 推导 Kaiser-Squires 求逆方程 (8.33).
- 推导"质量屏"简并方程 (8.18).

第 9 章 暗 晕 模 型

前面几章我们主要介绍了宇宙学尺度上的线性微扰系统，而暗物质晕的物质密度大约是宇宙平均物质密度的 200 倍以上，因此对其的描述需要用到引力的非线性效应. 但是由于宇宙学尺度上对暗物质晕的描述是统计性质的，刻画的是多个暗物质晕之间的关系，因此要求解多个暗物质之间的以及内部非线性效应，这个问题在数值计算过程中是十分复杂的. 目前，宇宙学领域是通过 N 体模拟的方式来进行的. 本章中，我们主要讲述的则是在 N 体模拟技术成熟之前的一种解析计算暗物质非线性功率谱的方法，被称作暗晕模型. 该方法精度上虽然比 N 体模拟计算要差，但是依旧在协方差计算或者超出标准 LCDM 宇宙学模型的非线性物质功率谱计算方面有着很多的应用. 特别是，该方法速度快，物理图像清晰，能够比较直观地提取出物理问题的本质.

暗晕模型的示意图可以参考图9.1. 上面左侧图为 N 体模拟方法所得的暗物质密度的空间分布；右侧图为暗晕模型方法所得的暗物质密度的空间分布，可见右侧方法比左侧方法的密度分布更加锐利，这是由于暗晕模型假设暗物质粒子都分布在暗物质晕中. 下侧的子图中黑点表示暗物质粒子，灰色的圆圈表示暗物质晕. 当两个黑点属于同一个暗晕时，其对物质功率谱的贡献称为 1 暗晕项 (one halo term)；当两个黑点分属两个不同的暗晕时，其对物质功率谱的贡献称为 2 暗晕项 (two halo term). 可以看到 2 暗晕项反映的是暗物质粒子在大尺度上的相关性，而 1 暗晕项则反映的是小尺度上的相关性. 下面我们将介绍构建暗晕模型的各个组成部分.

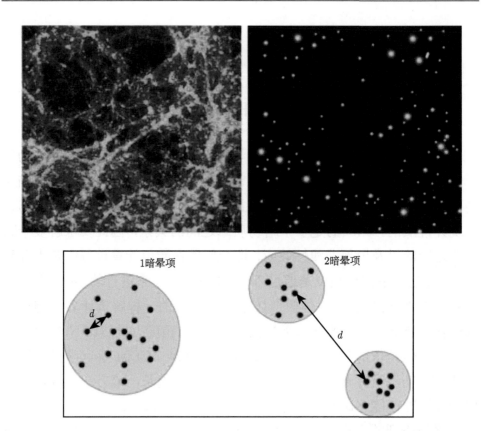

图 9.1　左上侧为 N 体模拟方法所得的暗物质密度的空间分布；右上侧为暗晕模型方法所得的暗物质密度的空间分布. 可见右侧方法比左侧方法的密度分布更加锐利. 下侧的子图中黑点表示暗物质粒子，灰色的圆圈表示暗物质晕. 当两个黑点属于同一个暗晕时，其对物质功率谱的贡献称为 1 暗晕项；当两个黑点分属两个不同的暗晕时，其对物质功率谱的贡献称为 2 暗晕项 [23].

9.1　球对称坍缩和椭球对称坍缩

首先，我们研究在牛顿引力框架下，单个暗物质晕是如何坍缩的. 需要指出的是，对于该过程我们无需引入引力的相对论效应. 为了简便起见，我们首先研究球对称的物质密度分布的情况. 更为简化地，我们假设球内的物质密度为一个均匀的实心球，即礼帽形的密度分布 (top hat density distribution).

如图9.2所示，开始高密度的区域首先随着宇宙背景向外膨胀，由于该系统是一个保守力系统，只要初始时刻的向内的引力势能比向外膨胀的动能要更负，那么该系统最终会坍缩回去. 由于在这个过程中，我们不考虑引力的相对论效应，所以这里不考虑这些粒子坍缩成黑洞的情况，对于该系统的刻画只描述到局域物质密度是当时宇宙平均密度的200 倍时就停止. 值得指出的是，该引力坍缩过程大体上可以分为两段：一段是前期的随着宇宙背景膨胀的过程；一段是膨胀到最大半径、与宇宙背景膨胀脱耦后的自引力坍缩过程.

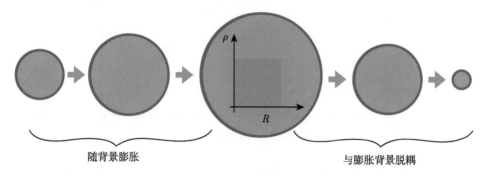

随背景膨胀　　　　　　　　　　　　　　　与膨胀背景脱耦

图 9.2 球对称情况下，从高物质密度区逐步坍缩为暗物质晕的过程.

图9.3显示了两种不同的引力模型，GR 和 $f(R)$ 引力下球对称的自引力坍缩的过程. 黑点表示高密度区可以膨胀的最大半径. 由此，我们可以看出非线性的物质坍缩是检验引力理论的很好的观测窗口.

下面我们研究图9.4中用深红色标出的质量壳层的运动方程，在牛顿引力下可以写为

$$\frac{\mathrm{d}^2 r}{\mathrm{d}t^2} = -\frac{GM}{r^2} , \tag{9.1}$$

将该方程做一次时间积分

$$\frac{1}{2}\left(\frac{\mathrm{d}r}{\mathrm{d}t}\right)^2 - \frac{GM}{r} = E , \tag{9.2}$$

可以看出等号右边的 E 代表这个壳层的内能，当等号左侧的第二项比第一项更负时，内能总体是负值，代表该球壳层会最终坍缩. 这个方程

有解析解

$$r = A(1 - \cos\theta),\ t = B(\theta - \sin\theta)\ ,\ A = \frac{GM}{2|E|}\ ,\ B = \frac{GM}{(2|E|)^{3/2}}\ ,\quad (9.3)$$

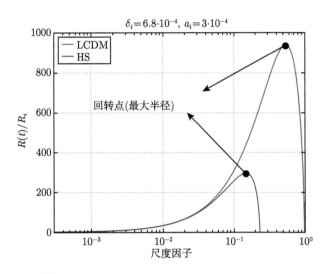

图 9.3 不同引力理论下暗物质晕的坍缩速率有着明显的区别，红色的为 GR，
蓝色的为 $f(R)$ 引力，黑色点表示回转点.

可以看到，当 $\theta = \pi$ 时，球壳达到最大半径，相对应时间记为 t_{ta}[①]. 当 $\theta = \pi$ 时，球壳层坍缩到 $r = 0$，相对应时间记为 $t_{\text{coll}} = 2t_{\text{ta}}$. 我们可以计算球壳层能的物质密度变化

$$1 + \delta = \frac{\rho}{\bar{\rho}} = \frac{9}{2}\frac{(\theta - \sin\theta)^2}{(1 - \cos\theta)^2}\ ,\quad (9.4)$$

在物质为主时期，由线性微扰论可知物质的线性密度增长为

$$D(a) = a \propto t^{2/3}\ ,\quad (9.5)$$

在到达回转点之前，我们可以用线性微扰论来处理球壳层的坍缩，将方程 (9.4) 对 θ 进行小量展开，可以得到初始的物质密度与 t_{ta} 时刻的

---

① 下角标表示 turn around.

关系:

$$\delta_i = \frac{3}{20}(6\pi)^{2/3}\left(\frac{t_i}{t_{\mathrm{ta}}}\right)^{2/3} , \ \delta_i \ll 1 , \tag{9.6}$$

根据此式结合方程 (9.5),我们可以得到任意时刻的线性物质密度的行为

$$\delta_{\mathrm{lin}}(t) = \frac{3}{20}(6\pi)^{2/3}\left(\frac{t}{t_{\mathrm{ta}}}\right)^{2/3} , \tag{9.7}$$

方程 (9.4) 表示的是非线性物质密度扰动的行为,而方程 (9.7) 则表示如果用线性扰动的增长函数来预言球壳层的物质密度的话,其物质密度增长的行为. 不难看出,当到达坍缩时刻时,方程 (9.4) 给出的物质密度是 ∞;而方程 (9.7) 则给出 $\delta_{\mathrm{lin}}(t_{\mathrm{coll}}) = 1.686$. 由此可以看出,如果用物质密度当作坍缩时刻的时间坐标的话,那么线性扰动 δ_{lin} 则是数学上很好定义的一个量. 这就是宇宙学上我们常常计算 δ_{lin} 的原因[1].

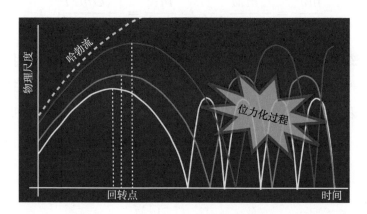

图 9.4 用牛顿力学方程在 Lagrangian 坐标下计算的各个壳层的运动. 当壳层第一次反弹后,各壳层之间发生相互穿越 (shell cross)[5].

上面我们讨论了单个壳层的膨胀和坍缩过程,但是该理论预言了当壳层坍缩的时候局域的物质密度会发散,应该对应于黑洞. 如果我们

---

① 1.686 这个值已经超过 1,因此这个值的意义不是描述线性物质密度扰动的量,而是用这个数值来刻画坍缩时间.

不考虑物质密度发散的效应，在坍缩到奇点后继续用这组方程演化壳层的话，各个壳层在第一次坍缩后会向后反弹进而膨胀，与原本在其内部膨胀的壳层迎面碰撞后相互穿越 (shell cross)，从而使得该壳层内部的质量发生改变. 这样，即使在牛顿力学框架下之前的描述也不再有效 (图 9.4). 因此，通常我们只将上述方程应用到壳层相互穿越发生之前. 上面我们假设该系统只具有径向的运动. 而实际上，我们发现只要给这个系统一点切向的扰动，这个系统就会变得混乱，但最终会达到力学平衡 (位力平衡，virial equilibrium): 2 倍的动能抵消势能，

$$2T_{\mathrm{vir}} + V_{\mathrm{vir}} = 0 \ . \tag{9.8}$$

我们可以这样理解位力平衡过程：当位力平衡达到时，各个壳层稳定在位力半径处. 这是由于壳层内部的粒子在引力作用下做圆周运动[①]，

$$\frac{mv^2}{r} = \frac{GmM}{r^2} \ , \rightarrow 2 * \frac{mv^2}{2} = \left| -\frac{GmM}{r} \right| \ , \tag{9.9}$$

可以看到该结果恰好是位力平衡的要求. 如果假设该过程发生在各个壳层第一次坍缩回原点之前的话，那么各个壳层之间还没有发生壳层相互穿越，壳层内部质量不变，因此壳层内能不变. 于是，我们可以求出位力半径为

$$E_{\mathrm{vir}} = \frac{V_{\mathrm{vir}}}{2} = -\frac{GM}{2r_{\mathrm{vir}}} \ , \tag{9.10}$$

$$E_{\mathrm{ta}} = V_{\mathrm{ta}} = -\frac{GM}{r_{\mathrm{ta}}} \ , \tag{9.11}$$

$$E_{\mathrm{vir}} = E_{\mathrm{ta}} \ , \tag{9.12}$$

$$r_{\mathrm{vir}} = r_{\mathrm{ta}}/2 \ , \tag{9.13}$$

由此，我们可以得出结论：位力化密度是回转点时密度的 8 倍，即 $\rho_{\mathrm{vir}} = 8\rho_{\mathrm{ta}}$. 值得注意的是，方程 (9.3) 在 $\theta \gg 1$ 时，r 与 t 的关系是明显非线

---

① 各个粒子的圆周运动方向不同，因此总的角动量为零.

性的, 因此 $r_{\rm vir} = r_{\rm ta}$, 但是 $t_{\rm vir} \approx t_{\rm coll}$, 即坍缩的后期过程是十分迅速的. 根据方程 (9.4), 我们可得

$$1 + \delta({\rm ta}) = \frac{9\pi^2}{16} , \tag{9.14}$$

于是, 可得

$$1 + \Delta_{\rm vir} = \frac{\rho_{\rm vir}}{\bar{\rho}(t_{\rm vir})} = \frac{8\rho_{\rm ta}}{\bar{\rho}(t_{\rm coll})} = \frac{8\rho_{\rm ta}}{\bar{\rho}(t_{\rm ta})/4} = 32(1 + \delta({\rm ta})) \approx 178 , \quad (9.15)$$

这里我们用到了在物质为主时期的 $\bar{\rho} \propto a^{-3} \propto t^{-2}$, 以及 $t_{\rm coll} = 2t_{\rm ta}$. 因此, 这里的一个重要结论是: 如果用线性扰动方程来演化暗物质晕的自引力坍缩过程的话, 当暗物质晕形成时, $\delta_{\rm lin} = 1.686$; 而用非线性的引力场方程去演化的话, 当暗物质晕形成时, $\Delta_{\rm vir} \approx 178$. 这也就是前面我们用局域物质密度是 200 倍的宇宙平均物质密度来代指暗物质晕区域的原因了.

相对于球对称坍缩, 更接近真实情况的是椭球对称坍缩, 即初始的高密度区为三轴椭球. 可以想象, 该系统需要更长时间耗散掉角动量达到位力平衡, 因此该系统达到位力平衡时的线性物质密度的外插值 $\delta_{\rm ec}$ 会比球对称坍缩的 $\delta_{\rm sc} = 1.686$ 要高,

$$\delta_{\rm ec} = \delta_{\rm sc} \left\{ 1 + 0.47 \left[5(e^2 \pm p^2)\frac{\delta_{\rm ec}^2}{\delta_{\rm sc}^2} \right] \right\} , \tag{9.16}$$

其中

$$c = \frac{\lambda_1 - \lambda_3}{2(\lambda_1 + \lambda_2 + \lambda_3)} , \; p = \frac{\lambda_1 + \lambda_3 - 2\lambda_2}{2(\lambda_1 + \lambda_2 + \lambda_3)} , \tag{9.17}$$

分别代表三轴椭球的椭率和扁率.

9.2 暗晕质量函数

本节中我们将介绍暗晕质量函数的计算, 所谓质量函数是指平均来看暗物质晕在各个质量范围内的数目. 由于是平均来看, 所以质量与空

间尺度具有一一对应关系. 因此，首先我们要介绍在某个空间尺度 R 上平滑的密度分布 $\delta_R(\boldsymbol{x})$，

$$\delta_R(\boldsymbol{x}) = \int \mathrm{d}^3x'\delta(\boldsymbol{x}')W_R(\boldsymbol{x}-\boldsymbol{x}')\,, \tag{9.18}$$

其中 $W_R(\boldsymbol{x}-\boldsymbol{x}')$ 平滑尺度为 R 的窗口函数. 我们也可以在 k 空间中去刻画，

$$\delta_R(\boldsymbol{k}) = \delta(\boldsymbol{k})\tilde{W}(kR)\,, \quad \tilde{W}(kR) = \int \mathrm{d}^3xW_R(\boldsymbol{x})\mathrm{e}^{-\mathrm{i}\boldsymbol{k}\cdot\boldsymbol{x}}\,. \tag{9.19}$$

这里窗口函数可以有很多种选择，一般常用的有

Tophat : $\tag{9.20}$

$$W_R(\boldsymbol{x}) = \begin{cases} \dfrac{3}{4\pi R^3}\,, & r \leqslant R\,, \\ 0\,, & r > R\,, \end{cases}$$

$$\tilde{W}(kR) = \frac{3}{(kR)^3}[\sin(kR) - (kR)\cos(kR)]\,,$$

Gauss : $\tag{9.21}$

$$W_R(\boldsymbol{x}) = \frac{1}{(2\pi)^{3/2}R^3}\exp\left(-\frac{r^2}{2R^2}\right)\,, \quad \tilde{W}(kR) = \exp\left(-\frac{(kR)^2}{2}\right)\,,$$

Sharp$-k$: $\tag{9.22}$

$$W_R(\boldsymbol{x}) = \frac{1}{2\pi^2r^3}[\sin(r/R) - (r/R)\cos(r/R)]\,,$$

$$\tilde{W}(kR) = \begin{cases} 1\,, & k \leqslant 1/R\,, \\ 0\,, & k > 1/R\,, \end{cases}$$

一般地，对于信噪比较高的情况下，采用哪种窗口函数差别不会太大. 下面介绍一个大尺度结构常用到的观测量 σ_8. 它是指：在 8Mpc 的平滑尺度上线性物质密度扰动的振幅大小，因此也可以看作是原初扰动振幅 A_s 在 8Mpc 尺度上的外插值.

$$\sigma_8^2 = \frac{1}{2\pi^2}\int P_{\mathrm{lin}}(k)\tilde{W}_{\mathrm{TH}}^2(kR)k^2\mathrm{d}k\,, \tag{9.23}$$

此外，文献中也常用到 $\sigma^2(M)$，其中我们可以简单地用平均密度将质量和半径相关起来，$M = 4\pi\bar{\rho}_m R^3/3$.

下面，我们将采用一种解析的方法计算暗晕质量函数，被称为随机游走理论 (excursion set formalism). 在介绍该方法之前，我们首先要引入暗物质晕形成的"尖峰-背景"分离 (peak background split) 模型，如图9.5 所示.

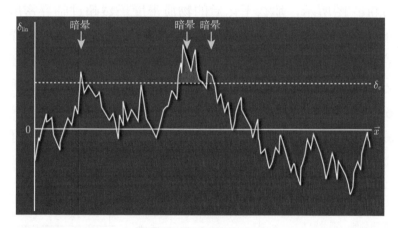

图 9.5 暗物质晕形成的"尖峰-背景"分离 (peak background split) 图像，即只有物质密度超过临界物质密度时，我们才将物质的高密度区认定为暗物质晕[5].

只有物质密度超过临界物质密度时，我们才将物质的高密度区认定为暗物质晕. 假设球对称坍缩的话，临界密度取为 $\delta_c = 1.686$; 对于椭球对称坍缩的话，$\delta_c = \delta_{ec}$，其中参数 e, p 取最可几值. 有了这个物理图像后，我们便可以问：哪些质量单元是属于暗物质晕的？根据上述物理图像，我们不难猜测，如果用质量尺度 M[①]去平滑物质密度场，那么我们应该得出如下结论：平滑后的密度超过临界密度 δ_c 的片区都可以看作是暗物质晕，这些暗物质晕的质量大于或等于 M，

$$n_{\text{halo}}(> M) = n_{\text{pk}}(\boldsymbol{x}; M) . \tag{9.24}$$

---

① $M = 4\pi\bar{\rho}_m R^3/3$

但是上式的关系会导致一个被称为"云中云"问题 (cloud in cloud problem).

如图9.6 所示，(a) 图中红色阴影标记的物质密度尖峰是否属于某个暗物质晕呢？如果用一个较大质量的窗口 (filter) 去平滑该物质密度，如 9.6(b) 图所示，那么平化后的物质密度超过临界密度，因此该部分的质量属于某暗物质晕；如果用一个较小质量的窗口去平滑该物质密度，如 9.6(c) 图所示，那么平化后的物质密度仍然超过临界密度，因此该部分的质量仍然属于某小质量的暗物质晕. 对于该现象的解释是：该质量元在早期被归入某个小质量的暗物质晕当中，如 9.6(c) 图所示；后期随着小质量的暗物质晕的并合，形成了一个大质量的暗物质晕，如图 9.6(b) 所示，因此在晚期该质量元被归入一个大的暗物质晕当中.

但是图9.7 所示的情况就有所不同：红色阴影的小尖峰恰好在一个

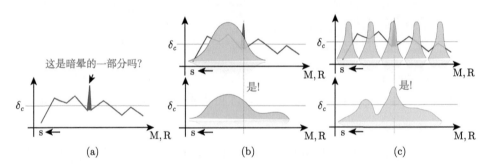

图 9.6　"云中云"问题 (Cloud in cloud problem) 示意图 1.

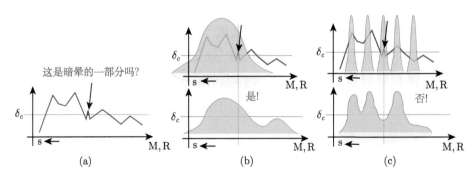

图 9.7　"云中云"问题 (Cloud in cloud problem) 示意图 2.

空间巨大、高度也很高的物质密度片区旁边. 如图 9.7(b) 所示, 如果用一个大尺度的窗口去平化的话, 那么它自然得被归入一个大质量的暗晕当中; 但是如果用 9.7(c) 图所示的小尺度窗口去平化的话, 由于其周围都是低密度区, 所以平化后的物质密度低于临界密度, 该质量元不被归入暗物质晕当中. 这样就是说该质量元不在小的暗物质晕当中, 却在大的暗物质晕当中. 这种过程只可能说明该质量元是被吸积到大暗晕中去的, 而非随着小暗晕并合进去的. 但是, 对于暗晕模型, 我们不考虑吸积过程. 因此, 这就是所谓的 "云中云" 问题. 这个问题在数学形式上也可以这样表达, 考虑一个线性的高斯密度场, 空间某点处的、被 R 空间尺度的窗口平滑化后的、线性物质密度扰动 $\delta(\boldsymbol{x}; R)$ 具有如下概率分布:

$$\mathcal{P}(\delta_M)\mathrm{d}\delta_M = \frac{1}{\sqrt{2\pi}\sigma_M} \exp\left(-\frac{\delta_M^2}{2\sigma_M^2}\right) \mathrm{d}\delta_M \,, \tag{9.25}$$

那么, 在某 t 时刻所有物质质量元当中, 被归入质量大于 M 的暗物质晕中的质量占总质量的比重为

$$F(\delta_M > \delta_c, t) = \frac{1}{\sqrt{2\pi}\sigma_M} \int_{\delta_c}^{\infty} \exp\left(-\frac{\delta_M^2}{2\sigma_M^2}\right) \mathrm{d}\delta_M = \frac{1}{2}\mathrm{erfc}\left[\frac{\delta_c}{2\sigma_M}\right] \,, \tag{9.26}$$

其中 erfc 表示余误差函数. 当 M 取宇宙学意义下的 0 时, 比方说矮星系质量 $10^6 M_\odot$, 该质量在宇宙学意义下可以被看作是零, 此时 σ_M 非常大, 对应着 erfc(0)=1. 那么按照 "尖峰-背景" 分离方案, 这意味着坍缩到比 $10^6 M_\odot$ 大的暗物质晕中的质量元的总重量等于宇宙中总的物质质量的 1/2. 而在一般的 N 体模拟当中, 一个暗物质粒子的质量就超过了 $10^6 M_\odot$, 这个暗物质粒子可以看作是已经位力化后的单位暗晕. 这就意味着这个比重应该是 1 而不是 1/2. 因此, 这一矛盾也体现了 "云中云" 问题. 上述刻画被称为 Press-Schechter 形式.

对该问题的解决方案正是随机游走理论. 其思路如下: 考虑图9.8右侧圆形区域中心的 A 点, 紫色和绿色分别代表两个不同的平滑尺度. 对于线性微扰论而言, 各个尺度上的扰动是不相关的, 因此随着平

滑尺度的变化，每次平化后 A 点的物质密度都是随机向上或向下的.

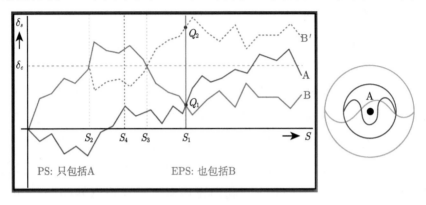

图 9.8   随机游走理论[5].

另外，有一个确定的大趋势就是：随着平滑尺度的增大，平化后的物质密度振幅越来越低. 这一点也是很合理的，毕竟当平滑尺度取到全空间时，局域的物质密度就与宇宙平均的物质密度相同了. 图9.8左侧图的横坐标 $S = \sigma_R^2$，因此越往左代表平滑尺度越大，纵坐标代表平滑化后的物质密度. 这个图中的各条曲线表示，取空间中的某点，以其为中心做某尺度上的物质密度平滑化，按照平滑尺度 (横坐标) 和平滑化后的密度 (纵坐标) 将结果描在这个图中形成一条径迹. 我们可以看到图 9.8 中的蓝实线代表着图9.6的情况；而红实线代表着图9.7的情况. 它表示平滑尺度介于 $S_2 \sim S_3$ 之间时，该质量元可以被归入某大的暗物质晕中；但是以 S_1 的尺度去平滑时，该质量元不被计入暗物质晕当中，这与方程 (9.26) 所反映的 1/2 的问题是一致的. 而在随机游走理论中，我们做如下规定：某时刻 t，对于所有那些在此时刻第一次向上超越临界密度的径迹，如果其第一次超越时的空间平滑尺度 $R_{\text{first-up}}$ 小于 R_* (或 $S_{\text{first-up}} > S_*$)，那么该径迹所对应的质量元就在该时刻隶属于某个质量比 M_* 要小的暗物质晕. 这部分的质量与总质量之比记为 $F(< M_*)$. 这样的话，只要 S 够大，所有的质量元最后都会属于某个暗物质晕，这样就跟前述的 N 体模拟的结果吻合了. 因此 $F(> M_*) = 1 - F(< M_*)$. 这个描述被称为 Extended Press-Schechter (EPS) 形式.

$$F_{\text{FU}}(< M_*) = \int_{S_*}^{\infty} f_{\text{FU}}(S, \delta_c) \mathrm{d}S \ , \ \ f_{\text{FU}}(S, \delta_c) = \frac{1}{\sqrt{2\pi}} \frac{\delta_c}{S^{3/2}} \exp\left[-\frac{\delta_c^2}{2S}\right] ,$$

$$(9.27)$$

最后, 暗晕质量函数刻画的是各个质量段内的暗晕数密度

$$n(M, t) = \frac{1}{V} \frac{\partial F_{\text{FU}}(> M)}{\partial M} \mathrm{d}M = -\frac{1}{V} \frac{\partial F_{\text{FU}}(< M)}{\partial M} \mathrm{d}M , \qquad (9.28)$$

$$= -\frac{1}{V} \frac{F_{\text{FU}}(> S)}{\partial S} \frac{\mathrm{d}S}{\mathrm{d}M} \mathrm{d}M = \frac{1}{V} f_{\text{FU}}(S, \delta_c) \frac{\mathrm{d}S}{\mathrm{d}M} \mathrm{d}M . \quad (9.29)$$

9.3 暗晕的偏袒因子和暗晕密度轮廓的致密度

如图9.9 所示, 实际上由于长波模式对短波模式的调制效应, 使得在长波的波峰处, 局域的临界物质密度是降低的 $\delta_c^{\text{eff}} = \delta_c - \delta_0$, 其中 δ_0 表示长波模式的振幅. 因而, 如果我们对暗晕质量函数做泰勒展开

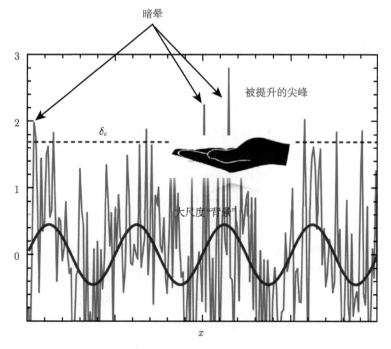

图 9.9　长波模式对短波模式的调制作用产生了暗晕的偏袒因子 (halo bias) [5].

$$n(M, \delta_c^{\text{eff}}) = n(M, \delta_c) - \frac{\partial n}{\partial \delta_c} \delta_0 + \cdots , \tag{9.30}$$

定义线性暗晕偏袒因子 (linear halo bias),

$$b_L \delta_0 = \frac{n(M, \delta_c^{\text{eff}})}{n(M, \delta_c)} - 1 = \frac{\partial \log n}{\partial \delta_c} \delta_0 . \tag{9.31}$$

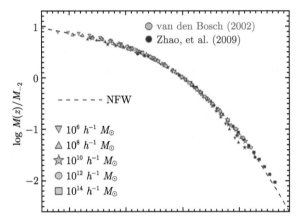

图 9.10   NFW profile: 暗物质的密度轮廓与暗物质晕的质量是无关的 [5].

暗晕的内部密度分布具有一个普适的球对称结构 (图9.10),称为 Navarro-Frenk-White (NFW) 轮廓 (profile)

$$\rho(r) = \frac{\rho_s}{\dfrac{r}{r_s} \left(1 + \dfrac{r}{r_s}\right)^2} , \tag{9.32}$$

可以看出:当 $r \gg r_s$ 时,密度轮廓按照 r^{-3} 降低;当 $r \ll r_s$ 时,密度轮廓按照 r^{-1} 降低.其中 r_s 标记着转变半径.r_s 内部,暗晕密度比较坚实;而 r_s 外部,暗晕密度下降很快,比较疏松.因此,我们可以定义暗晕密度轮廓的致密度 (halo concentration)

$$c_v = \frac{r_{\text{vir}}}{r_s} , \tag{9.33}$$

我们可以将 $r_{\rm vir}$ 看作是暗晕的边界，r_s 看作是暗晕内核的大小. N 体模拟结果显示：暗晕密度轮廓的致密度随着暗晕质量的增加而降低. 也就是说小质量的暗物质晕的"核"相对较小；而大质量暗晕的"核"占暗晕总体积的比例更大. 物理上可以如下理解：小质量暗晕主要是依靠吸积，而吸积不会侵入到内部，因此 r_s 不变而 $r_{\rm vir}$ 增加；但是大质量暗晕，则主要通过并合过程来增加暗晕质量. 并合过程是十分剧烈的，该过程在弛豫过后，能够显著地增加内核的半径，因此密度低.

根据暗晕模型 (halo model)，物质功率谱可以写为

$$P_{mm}(k) = I^2(k)P_L(k) + P^{1h}(k) , \tag{9.34}$$

其中第一项表示 2 暗晕项, 第二项表示 1 暗晕项.

$$P^{1h}(k) = \int {\rm d}\ln M_{\rm vir} n_{\ln M_{\rm vir}} \frac{M_{\rm vir}^2}{\bar{\rho}_m^2} |y(k, M_{\rm vir})|^2 \tag{9.35}$$

$$I(k) = \int {\rm d}\ln M_{\rm vir} n_{\ln M_{\rm vir}} \frac{M_{\rm vir}}{\bar{\rho}_m} y(k, M_{\rm vir}) b_{\rm L}, \tag{9.36}$$

其中 $P_L(k)$ 表示线性物质功率谱；$y(k, M)$ 是 NFW 轮廓的 Fourier 变换，且进行了归一化: $\lim_{k\to 0} y(k, M) = 1$(图 9.11).

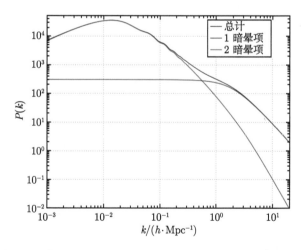

图 9.11　绿线表示 2 暗晕项, 红线表示 1 暗晕项. 可以看到 2 暗晕项主要体现在大尺度上, 而 1 暗晕项则主要体现在小尺度上. 黑线则是二者之和.

习   题

- 根据随机游走理论推导暗物质晕的合并树 (merge tree).
- 求解 $f(R)$ 引力理论下的球对称坍缩过程, 重复图9.3, 并计算该理论下的 δ_{lim}.
- 计算 $f(R)$ 引力理论下的暗晕质量函数 (halo mass function).
- 重复图9.11.

参 考 文 献

[1] Baumann D. Cosmology Lecture Notes - Part III Mathematical Tripos. Department of Applied Mathematics and Theoretical Physics, University of Cambridge.

[2] Hu W. http://background.uchicago.edu/ whu/.

[3] Challinor A. Part-III Advanced Cosmology Lent Term 2014, Lecture notes: Physics of the cosmic microwave background.

[4] Percival W J. 2013, arXiv:1312.5490.

[5] van den Bosch. F. ASTR 610.

[6] Meneghetti M. Introduction to Gravitational Lensing-Lecture scripts, 2016.

[7] Suyu S. XXIV Canary Islands Winter School of Astrophysics, November 5, 2012.

[8] Kilbinger M. Rept. Prog. Phys., 2015, **78**, 086901, doi:10.1088/ 0034-4885/78/8/086901 [arXiv:1411.0115 [astro-ph.CO]].

[9] Kuijken K. 2003, astro-ph/0304438.

[10] Springel V, White S D M, Jenkins A, et al. Nature, 2005, **435**, 629-636, doi:10.1038/nature03597 [arXiv:astro-ph/0504097 [astro-ph]].

[11] Smoot G F. Rev. Mod. Phys., 2007, **79**, 1349-1379, doi:10.1103/ RevModPhys.79.1349.

[12] Ade P A R, et al. [Planck], Astron. Astrophys., 2014, **571**, A1, doi:10.1051/0004-6361/201321529 [arXiv:1303.5062 [astro-ph.CO]].

[13] Kim A, et al. 1997, http://www-supernova.lbl.gov.

[14] Levenga J. Slow-roll inflation and the Hamilton-Jacobi Formalism. PhD thesis, University of Groningen.

[15] Mather J C, Cheng E S, Shafer R A, et al. Astrophys. J. Lett., 1990, **354**, L37-L40, doi:10.1086/185717.

[16] Hu W, White M. Cosmic symphony. Scientific American, 2004, 290N2, 44.

[17] Dodelson S. Modern Cosmology. Academic Press, Elsevier Science, 2003.

[18] Kaplan J. Comptes Rendus Physique, 2003, **4**, 917, doi:10.1016/j.crhy.2003.10.006.

[19] Komatsu E, Bennett C L, Barnes C, et al. Progress of Theoretical and Experimental Physics, 2014, 06B102, doi:10.1093/ptep/ptu083.

[20] Abazajian K N, Adshead P, Ahmed Z, et al. 2016, arXiv:1610.02743.

[21] Peacock J A, 2DF Galaxy Redshift Survey Team, Colless M, et al. Deep Fields, 2001, 221, doi:10.1007/10854354_63.

[22] Bartelmann M, Schneider P. Physics Reports, 2001, **340**, 291, doi:10.1016/ S0370-1573(00)00082-X.

[23] Cooray A, Sheth R. Physics Reports, 2002, **372**, 1, doi:10.1016/S0370-1573 (02)00276-4.

[24] Courbin F, [arXiv:astro-ph/0304497 [astro-ph]].

《21世纪理论物理及其交叉学科前沿丛书》

已出版书目

(按出版时间排序)